KB218308

김필립 초집중몰입수학

김필립 지음

수학공부는 밀도다! 

김필립 초집중 몰입수학

The Intensive Immersion of Mathmatical Study

김필립 지음

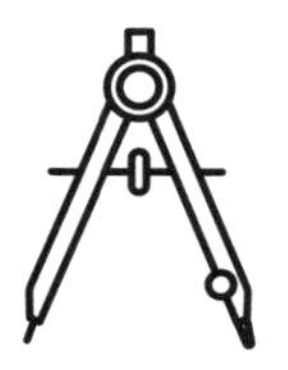

이지북
EZbook

내 아이 수학 공부 진단 체크리스트

1 선행, 내신, 문제풀이 수업을 따로 받으면서 엄청난 양의 문제를 푸는데 수학 성적이 향상되지 않는다. Y N

2 이해는 했다고 생각했는데 문제가 잘 안 풀린다. Y N

3 수학 성적이 일관되지 않고 들쭉날쭉하다. Y N

4 영어, 국어에 비해 수학이 유난히 성적이 안 나온다. Y N

5 지금까지 공부해온 단원들 중에 모르는 부분이 있는데 어떤 방법으로도 명쾌히 해결되지 않아 답답하고 불안하다. Y N

6 수학 학원에 가는 것을 싫어한다. Y N

7 학년이 올라갈수록 점점 더 수학에 자신감을 잃고 공부 시간도 줄고 수학을 멀리하려 한다. Y N

➔ 7개 항목 중 2개 이상 해당한다면, 무시무시한 수포자의 길로 한 발짝 들어서고 있는 것일지도 모른다. 지금이라도 수학 공부 방법이 잘못된 것은 아닌지 찬찬히 들여다보자. 무엇보다 중요한 것은 아이가 수학을 좋아하도록 만드는 것이다!

CONTENTS

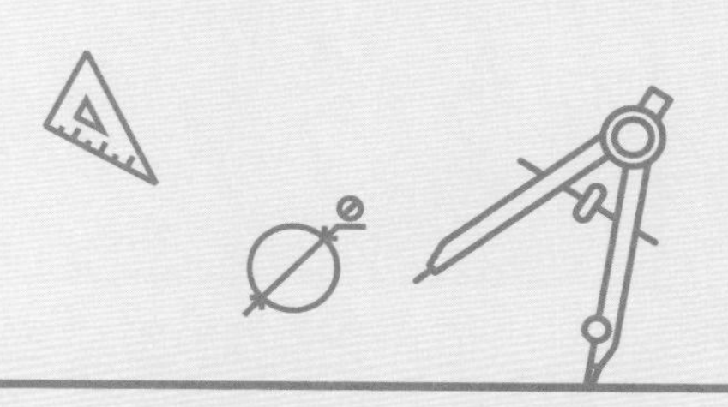

2장 수포자 70%, 아이들은 죄가 없다

Part 2 | '반드시 일으켜세우는' 초집중몰입수학법

3장 집중과 몰입이 만들어내는 수학의 기적

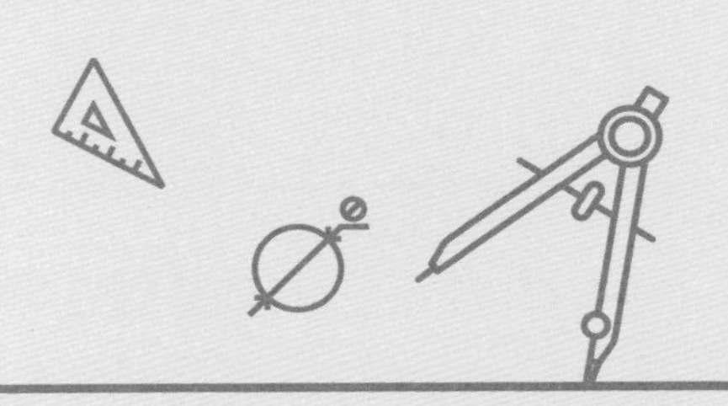

4장 수학 1등급을 만들어내는 특급 전략

Part 3 | 초집중몰입수학의 실제

5장 초집중몰입으로 개념 잡기

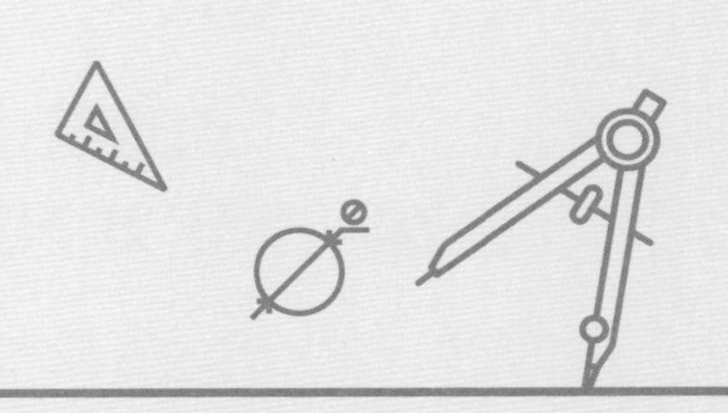

수학 완전정복, 꿈이 아니다

추천의 글

김필립표 '즐기는 수학'의 전파를 바라며

방종임(「조선일보」 교육섹션 '조선에듀' 편집장, 유튜브 '교육대기자TV' 진행자)

그를 처음 알게 된 것은 내가 총괄하는 「조선일보」 교육섹션 '조선에듀'에 전문가 칼럼을 청탁하면서부터다.

그의 칼럼은 여러모로 다른 필자들의 그것과 매우 달랐다. 그는 처음부터 끝까지, 오직 하나 '즐기는 수학'을 강조했다. 수학은 '싫지만 어쩔 수 없이 해야 하는 과목'이라는 생각에 익숙했던 내게, 대치동에서 제법 잘나가는 수학학원 원장이 강조한 의외의 메시지는 신선한 충격이었다. 수학을 잘하려면, 수학을 정복하려면 일단 무조건 수학을 좋아해야 한다는 그의 말에 무릎을 쳤다.

그의 말은 신기루가 아니었다. 마중물 학습만 제대로 한다면 충분히 가능한 것이었다. 그는 수학을 공부하기 이전에 수학이 왜 우리 일상에 필요한지, 수학이 무엇인지를 반드시 강조해야 한다고 말한다. 수학을 딱딱한 학문이 아니라 실생활에서 체감할 수 있는 친근한 것으로 접근할 때 수학의 재미와 중요성을 열린 마음으로 받아들일 수 있고, 원리를 제대로 이해함으로써 공부를 자신의 것으로 고스란히 만들 수 있다는 의미다. "알기만 하는 사람은 좋아하는 사람보다 못하며, 좋아하는 사람은 즐기는 사람보다 못하다."라는 공자의 말을 입증한 셈이다.

그의 진면목을 다시 발견한 것은 내가 운영하는 유튜브 채널인 '교육대기자TV'촬영을 위한 인터뷰에서였다. 20여 년간 수학학원을 운영하면서 우리나라 입시교육의 메카인 대치동에서 전 타임 마감이라는 신화를 썼다는 점에서 엄마들의 궁금증을 충분히 풀어줄 것이라고 기대는 했지만, 그 기대는 내 예상 이상으로 200퍼센트 충족되고도 남았다.

인터뷰는 그간의 수학 공부와 사교육에 대한 우리의 선입견을 철저히 깨는 시간이었다. 한 시간 분량의 인터뷰를 계획했는데, 실제 그와의 인터뷰는 2시간 30분을 훌쩍 넘겼다. 그가 쏟아내는 이야기들은 참으로 대단한 것이었다. 녹화가 끝나고 나서 교육 분야에 대해 잘 모르는 스태프들조차 놀랍다고 혀를 내두를 정도였다. 그의 이런 에너지는 영상으로 고스란히 전해져, 유튜브 채널에 업로드한 순간부터 폭발적인 반응을 이끌어냈다. 조회 수는 수십 만에 달했고, 수백 개의 댓글이 연이어 달렸으며, 지금 이 순간에도 많은 학부모가 영상을 통해 도움을 얻고 있다.

그가 이 인터뷰 영상에서 강조한 내용 중 가장 흥미로웠던 부분은 '공부의 허영'이라는 것이었다. 많은 학부모 또는 학생들이 '묻지마 선행'을 하면서 뽐내는 것을 '공부의 허영'으로 비유한 그의 촌철살인에 모두 고개를 끄덕일 수밖에 없었다. 많은 학부모가 '선행'이라는 단어에 현혹되지만, 그것이 얼마나 위험한 것이며 그 결과가 얼마나 참담할 수 있는지에 대해서는 무지했던 까닭이다.

이 외에도 그는 대치동으로 대표되는 교육특구에 만연한 공부의 허영에 대해 사례를 들어 조목조목 꼬집었다. 소위 '양치기'에 대한 비판도 그랬다. 수학 공부는 양이 아니라 질이라는 그의 주장은 참으로 설득력 있었다. 수학 학습은 논리의 설계도를 만들고 추론을 이어나가는 철저한 이해의 과정이기에 주입이나 암기를 조장하는 양적인 접근은 절대 안 된다는 것이다.

그의 수학에 대한 교육철학은 '초집중몰입수업'으로 압축적으로 드러난다. '초집중몰입수업'은 학생들의 집중력을 단기간에 극대화해 학습 효과를 높이는 것으로, 이 수업을 통하면 고등수학을 한 달여 만에 완전히 정복할 수 있다. 단 한 번의 진도 수업으로 고등수학을 완성하게 해준다는 말이 처음에는 이해되지 않았으나 '기본-응용(실력)-심화'로 이어지는 지겨운 반복 학습이나 정확한 이해 없는 선행학습의 문제점을 이해하고 나니 그 필요성과 가능성을 충분히 납득할 수 있었다.

이를테면 이런 얘기다. 밥을 지을 때는 뜸을 들여야 한다. 팔팔 끓이던 불을 약하게 줄여 조금 더 가열함으로써 밥을 차지고 맛있게 해주는 과정이다. 중요한 것은 '뜸 들이기' 앞에는 단시간 동안 모든 화력을 집중해 팔팔 끓여내는 과정이 꼭 필요하다는 점이다. 만일 초기에 화력을 집중하는 과정 없이 약불로 뜸만 들이면 밥은 죽이 돼버리고 만다.

수학 공부도 마찬가지다. 처음에 이해하는 단계에서 온 집중력과 정성을 쏟지 않으면 이것도 저것도 아닌 애매한 죽밥 수학이 돼버린다. 아는 것도, 모르는 것도 아닌 애매한 수학의 선무당이 돼서는 안 될 일이다. 잔잔한 약불만으로는 절대로 수학 정복의 임계점을 넘지 못한다. 어설프게 아는 '선무당'이 수학을 잡는다.

그가 운영하는 대치동의 '김필립수학학원'은 대치동에 있는 여타 학원과 다른 점이 많다. 특히 많은 학원이 소위 '최상위권'을 중심으로 프로그램을 운영하는 데 반해 그의 학원은 학생의 기존 실력에는 크게 신경 쓰지 않는다. 레벨테스트를 통해 검증된 학생만 선별해 입시 성과를 내는 학원이 아니라는 뜻이다. 그의 학원은 학생의 실력이 어떻든 그 실력에 맞게 학습법을 달리 적용한다. 학생 개개인에 집중하기 위해 일대일 수업 시스템을 채택한 이유도 그것 때문이다. 그의 학원은 대치동에서 유일하게 '수포자를 받는 학원'이다.

그가 그간의 경험과 노하우를 담아 책으로 낸다고 했을 때 나는 축하를 아끼지 않았다. 그것은 '김필립 원장님'만을 위한 축하가 아니었다. 이 책을 보는 모든 독자를 향한 축하이기도 했다. '김필립의 수학 학습법'을 책 한 권으로 오롯이 확인할 수 있으니 말이다. 모쪼록 독자들도 김필립 원장의 조언을 각자의 상황에 적용해 좋은 결과를 얻을 수 있기를 바란다.

들어가는 글

수악數惡이 수학數學이 되는 순간

얼마 전 모든 신문의 헤드라인을 장식했던 뉴스가 있었다. 세계수학올림피아드에서 우리나라 학생들이 전 세계 67개 나라 중 수학에서 1등, 과학에서 2등을 차지했다는 조사 결과다. 반면 제일 좋아하는 과목이 수학이라는 학생, 수학을 전공하겠다는 학생의 수는 한국이 전 세계 중 가장 적었다. 여러 매체들은 이 결과를 분석하는 심층 기사들을 쏟아냈다.

이상해도 한참 이상한 이런 결과, 성취도와 호감도의 불일치는 바로 수학을 가르치고 배우는 방법의 문제 때문이다. 우리나라 학교에서 배우는 수학의 수준은 전 세계적으로도 상당히 높다. 그런데 우리나라 대다수 학생들은 '문제를 많이 풀고 유형을 암기하는' 방식으로 공부한다. 물론 학생들이 그렇게 하고 싶어서 하는 것은 아니다. '성적'을 단기적으로 높이기 위해 배우고 가르치기 때문에 그렇게 된 것이다.

그러나 사실 원리와 개념 그리고 수학 전체의 맥을 이해하고, 제대로 된 문제를 제대로 풀고, 자신감이 생기면 암기식 공부가 절대로 필요 없는 과목이 바로 수학이다. 원리와 개념을 아우르는 방법으로 수학 공부를 하는 아이들은 암기식으로 공부해온 다른 학생들보다 훨씬 높은 점수(성취도)를 얻는다.

이해가 아니라 암기, 자기주도가 아니라 학원주도, 좋아서가 아니라 억지로 수학을 공부하는 한 수학은 절대로 정복될 수 없다. 그럭저럭 내신은 따라갈 수 있을지 몰라도 수능에서는 필패다. 수능은 풀어본 유형을 암기해 접근하는 방법으로는 고득점이 불가능하다. 시중의 참고서, 문제집과 유사한 문제들은 완전히 걸러지고 매년 새로운 문제가 창의적으로 출제되기 때문이다. 암기식으로 수학을 공부해온 학생들은 그야말로 '멘붕'에 빠진다.

수학, '진짜 공부'가 필요하다

그동안 쌓아온 개념과 원리를 이용하여 추론하고 문제를 해결해나가는 진짜 수학을 하지 못하면, 그 결과는 참담할 수밖에 없다. 유형을 달달 외워서 문제를 푸는 방법으로 수학을 배우게 되면 수학이 지겨워지고 힘들어지며 수학이 아니라 '수악(數惡)'이 되어버린다.

심지어 유형을 달달 외워 내신 수학에서 전교 1등을 했던 학생이 수능에서는 수학 3등급을 받는 경우도 있었다. 극단적인 사례지만, 수능의 비중이 더욱 커가는 상황에서 '진짜' 수학 공부법의 중요성은 아무리 강조해도 지나침이 없다. 그리고 그 진짜 수학 공부법을 나는 '초집중몰입수학'이라고 부른다.

나는 입시수학 전문가다. 현재 대외적으로 사용하고 있는 내 이름 '필립'은 15년 전 학부모들이 붙여줬다. 내게 아이를 맡기면 '반드시[必] 수학 성적을 일으켜세워준다[立]'는 뜻이다. 6등급, 7등급이던 아이들을 1년 만에 1등급으로 만들어주고, 서울대학교에 보내주는 소위 '1타 강사'였다. 그리고 나만의 노하우를 가지고 내 이름을 내세운 학원을 차려 수많은 아이들이 꿈의 첫발을 내디딜 수 있도록 도와주었다.

사교육 최전선에서 보낸 20년, 보람도 있었지만 안타까움과 아쉬움도 컸다. 얼마든지 잘할 수 있는 아이가 '수포자'가 되어 수학이라고 하면 치를 떨고 다른 과목에 대한 의욕까지 떨어져 입시에 실패한 그 많은 아이들과, 남부럽지 않게 돈을 투자해 사교육 뒷바라지를 했는데 왜 그런 결과가 나왔는지 이해하지 못해 절망하는 학부모들, 하루 일곱 시간씩 수학 공부를 한답시고 유형을 달달 외우고 목적 없는 문제풀이에 시달리는 중고등학생들…….

특히 속칭 '톱 반'에 들어가지 못한 아이들이 안타깝다. 대치동 대부분의 학원 시스템은 '잘하는 아이들' 중심으로 돌아간다. 일부러 어려운 레벨테스트를 내고, 그 테스트를 통과해야 '톱 반'에 들어갈 수 있다. 그 학원 '톱 반'에 들어가면 서울대는 따논 당상이라는 소문에 그 레벨테스트를 위해 또 다른 학원에 등록하고 과외를 시키는 경우도 허다하다.

그러나 생각해보라. 그 아이들이 서울대에 간 건 원래부터 잘하는 아이여서일까, 그 학원에서 잘 가르쳐서일까? 난 교육자라면 원래 공부머리를 타고나고 습관도 잘 잡혀 있는 아이들을 '더 잘' 가르쳐서 애초에 갈 수 있는 대학에 '안전하게' 보내는 것보다는 '수포자'를 진짜 수학 공부의 세계로 인도해 원하는 대학에 가고 원하는 직업을 택할 수 있도록 도와주는 데 더 보람을 느껴야 한다고 믿는다.

공부법에 대한 방향만 잘 잡으면, 그 공부법에 따라 수학 공부를 하면 수학 1등급은 절대로 꿈이 아니다. 물론 누구나 1등급이 될 수는 없겠지만, 최소한 수학이라고 하면 이를 갈고 치를 떠는 현실에서는 반드시 벗어날 수 있다. 성적은 무조건 오른다. 이건 내게 있어 절대적인 확신이다.

나는 내 학원을 넘어 우리나라 모든 학생들에게 수학 공부에 대한 내 노하우를 공개하기로 맘먹었다. 이 책은 그 결심의 첫 열매다.

석 달 만에 수능 4등급 → 1등급의 기적

나의 20년 수학 입시교육 노하우를 한 단어로 요약하자면 바로 '초집중몰입수학', 즉 '시성비(시간 투입 대비 성취도)'를 극적으로 높이는 방법이다. 초집중몰입수학으로 극적인 효과를 본 실제 사례를 소개한다.

작년 7월, 한 고3 학생이 나를 찾아왔다. 수능까지 불과 석 달가량밖에 안 남은 시점이었고, 6월 수능모의평가에서 4등급의 성적을 받았다. 대부분의 단원에서 구멍이 많았고, 가장 중요한 단원들의 개념이나 원리도 제대로 완성되지 않은 상태였다.

남은 시간이 크게 부족했고 목표도 높았기에 바로 '초집중 융합수업'으로 빠르게 단원 전체를 총정리했다. 각 단원의 원리 및 개념을 완벽히 세워가며 약점을 집중 보완했다. 이 과정을 4주 만에 마치고, 8월 중순부터 전 범위를 아우르는 융합형 문제풀이를 시작했다. 두 달 반 동안 수능 기출, 모의평가, EBS, 예상문제풀이까지 완전히 끝낸 후 드디어 수능시험을 보게 된 이 학생은 실수로 3점짜리 1개를 틀리고 97점을 맞아 당당히 수학 1등급을 만들어냈다. 가장 어렵다는 4점짜리 킬러 문항은 다 맞았다. (사실 수능에서는 98점, 97점이 가장 안타깝고 속상한 점수다. 제일 어려운 4점짜리는 다 맞혔기에 당연히 만점이 나오는 상황인데 어이없는 실수로 상대적으로 훨씬 쉬운 2점, 3점짜리 문제를 틀린 것이니 아이 입장에서는 며칠 동안 잠도 못 잘 정도로 아쉬움이 큰 점수다.)

시험이 끝나고 가채점을 하자마자 들뜬 목소리로 내게 전화해 "쌤! 수학 1등급 맞았어요! 만점 받을 수도 있었어요!"라며 소리 지르던 제자의 목소리가 귀에 선하다. 누구나 기대했던 성과였다면 그렇게 감격스럽지 않았으리라. 누구도 기대하지 못했던, 아니 불가능하다고 여겼던 '3개월 만에 4등급에서 1등급으로의 기적적 점프'는 아이의 인생을 바꿀 훌륭한 시작이 되었다. 지금 그 제자는 그토록 원하던 대학에 입학해 새로운 꿈을 위한 준비를 착착 다지고 있다.

이런 학생도 있었다. 작년 3월 수능모의평가 후 수학 4등급, 국어와 영어는 각각 3등급을 받은 고3 문과 학생이 나를 찾았다. 기적적으로 그 아이의 수학을 1등급을 만들어준다 한들 국어와 영어가 3등급이라 소위 '인서울'도 쉽지 않은 상황이었다. 나는 그 아이에게 이렇게 물었다.

"국어랑 영어를 남은 기간 동안 정말 열심히 해서 1~2등급을 만들 수 있겠니? 네가 그렇게만 해준다면 내가 반드시 수학 1~2등급을 만들어서 원하는 대학에 들어갈 수 있도록 해줄게."

그 아이의 답은 의외였다.

"선생님, 전 국어나 영어가 좋아서 문과를 간 게 아니에요. 다들 수학 선행이 안 돼 있어서 이과를 가기에는 너무 늦었대요. 그래서 어쩔 수 없이 문과를 간 거예요. 문과를 와서 공부하는 동안 영어나 국어가 점점 더 싫어졌어요. 이왕 문과를 왔으니 싫어도 억지로 국어, 영어를 해야 된다고 생각은 하지만 지금도 영어나 국어 공부를 하려고 하면 머리부터 아파와요."

난감했다. 수학은 그렇다 치더라도 문과인데 영어랑 국어에서도 성적을 더 올릴 가망이 없는, 문과로서는 아주 딱한 상태였다. 그래서 나는 이렇게 권했다.

"내가 수학을 반드시 최고로 만들어줄 테니 만일 이과 과목이 싫지 않다면 지금이라도 이과를 가자. 이과에서는 수학, 과학 과목의 가산점과 반영비율 때문에 영어나 국어를 잘하지 못해도 문과만큼 치명적이지 않고, 심지어 명문대 몇몇 학과에서는 아예 영어나 국어를 최종 점수에 반영하지 않기도 하거든. 일단 이과에서 가장 중요한 핵심 과목인 수학과 과학에서 등급을 잘 받으면 기대보다 훨씬 더 좋은 성과를 낼 수 있을 거야."

그 아이는 망설였지만 결국 내 조언에 따라 이과에 도전하기로 결심했다. 8주 만에 문과수학 전체와 이과수학까지 모든 단원의 개념과 원리 이해를 마치고, 5월 중순부터 융복합 문제 풀이를 시작하여 6월에 이과 모의평가시험에 도전해 3등급을 받았다. 그리고 9월 모의평가에서 2등급을 받은 후 수능에서 기적적인 1등급을 받아 명문대에 당당히 합격했다. 자기소개서와 면접에서 문과에서 이과로의 용기 있는 전환, 그리고 특별한 노력과 발전 과정을 강조해 좋은 평가를 받았음은 물론이다.

이 아이들의 공부머리가 땅에 묻혀 있다가 갑자기 튀어나오기라도 한 걸까? 원래 IQ가 높고 소위 수학머리가 좋았기 때문일까?

그렇지 않다. 이 아이들은 지극히 평범한 아이들이었다. 지금까지 잘못된 방법으로 공부를 해왔을 뿐이다. 목적 없이 양만 채우는 공부를 했을 뿐이다. 그러나 짧은 기간 집중해서 필요한 개념과 원리를 완벽히 이해한 후 통섭적 개념 이해와 수능 대비에 최적화된 융복합 문제풀이를 하니, 시험 성적이 오르는 건 당연한 결과였다.

수학 성적이 안 나오는 데는 이유가 있다. 잘못된 공부법 때문이다. 대부분의 학생이 여러 과목 중 가장 많은 시간을 수학 공부에 쏟아 붓는데도 이렇게 많은 '수포자'가 나오는 건 분명히 문제가 있다. 수학 때문에 절망하고 꿈을 포기하는 우리 아이들에게 '초집중몰입수학법'이, 이 책이 새로운 희망이 되길 진심으로 바란다.

2020. 11.

김필립

PART
1

대한민국
수학 교육의
현주소

가장 답답한 오해 중 하나다. 사실 수학이 징그럽게 싫어지는 이유,
수학 소리만 들어도 심장 떨리는 이유, 하루 5시간씩 수학만 공부하는데도
성적이 안 나오는 이유가 바로 수학은 엉덩이 힘이라는
잘못된 믿음들 때문이다. 수학은 암기로 승부하면 무조건 '필패'다.
'폭망의 지름길'이다.

1장

수학 공부에 대한 지독한 오해

시작부터 잘못된 수학 공부

수학 문제집을 쌓아놓고 가능한 많은 문제를 푼다?

최대한 다양한 유형을 외워버린다?

자는 시간, 노는 시간 아껴서 끊임없이 반복한다?

일단 풀고, 계속 풀고, 또 풀다 보면 이해가 된다?

지금 이 글을 읽는 독자들 모두 이런 소리 한 번쯤은 들어봤을 것이다. 동네 보습학원부터 소위 잘나가는 수학학원까지 수학을 가르친다는 선생님들이 입에 달고 다니는 소리다. 표현이 어떻든 그들의 핵심은 하나다. '수학은 암기과목이나 마찬가지'라는 것이다. 수학 성적은 얼마나 많은 유형을 푸느냐, 얼마나 많은 양의 문제를 푸느냐에 달렸다는 말이다.

가장 답답한 오해 중 하나다. 사실 수학이 징그럽게 싫어지는 이유, 수학 소리만 들어도 심장 떨리는 이유, 하루 5시간씩 수학만 공부하는데도 성적이 안 나오는 이유가 바로 수학은 엉덩이 힘이라는 잘못된 믿음들 때문이다. 수학은 암기로 승부하면 무조건 '필패'다. '폭망의 지름길'이다.

생각해보자. 영어나 사회 같은 과목에서 좋은 성적을 받는 아이들이 수학에서도 같은 방식으로 무조건 외워서 최상위 등급을 받는가? 수학을 독보적으로 잘하는 아이가 영어나 사회 과목에서도 그만큼의 성적을 거두나? 그렇다면 외고 아이들이 수학을 가장 잘해야 하는데, 과연 그런가? 영어나 사회 공부를 잘한다고 해서 수학을 당연히 잘하는 것도 아니며, 수학 공부를 잘한다고 해서 영어나 사회 공부를 잘하리라 기대할 수 없는 건 당연하다. 물론 모든 과목을 모두 잘 해내는 매우 특출한 극소수 아이들은 존재하지만, 그건 일반화할 수 없는 특별한 경우라고 봐야 한다. 두 영역의 학문적 성격은 하늘과 땅 차이다. 그건 당연하다고 생각하면서 왜 똑같은 방식으로 공부하려고 하는가?

수학은 암기가 아니라 철저한 이해의 학문이다.

암기 수학의 당연한 결과

물론 초등학교 때는 암기로 어느 정도 괜찮은 성적을 낼 수 있다. 초등수학의 유형이라고 해봤자 몇 가지 안 되기 때문이다. 그래서 수학 문제집 몇 권 풀면 그럭저럭 원하는 성적을 얻는 게 가능하다. 그러나 그런 방법은 중학교, 고등학교 수학에서는 불가능하다.

고등학교 문이과 전 과정의 수학 문제 유형은 몇 가지쯤 될까? 세세히 나누면 몇천에서 몇만 가지다. 거기서 문장을 조금만 바꾸거나 내용을 살짝 비틀면 유형은 기하급수적으로 더 많이 늘어난다.

〈쎈〉이나 〈RPM〉 등 시중에 유행하는 '유형 중심 문제집'에 따르면, 고등수학 문제 유형은 2,000여 개에 달한다. 거기에 그 유형을 이해하기 위해 약간 변형한 문제들까지 더하면, 무려 1만 개가 넘는 문제를 풀고 유형을 외워야 한다. 이게 가능한 이야기인가?

이러니 어떻게 공부해야 하겠는가? 유형을 외워야 할까, 개념을 이해하고 원리를 파악함으로써 모든 유형을 아우를 수 있게 해야 할까? 당장 성적을 올리기 위해 이해를 못 한 채로 닥치는 대로 외우고 문제를 풀면 실력 향상에 도움이 되기는

커녕 수학에 환멸을 느낄 뿐이다. 이해를 못 하고 문제를 풀어야 하니 그 과정은 답답하고 지긋지긋한 고역의 시간이 된다. 이렇게 서서히 수학에서 멀어지기 시작하고, 어느 순간 절망적인 '수학 포기자'가 되는 것이다.

어떤 사람들은 문제를 많이 푸는 게 뭐가 나쁘냐고 묻는다. 이해가 안 되면 문제를 풀면서 이해하게 하는 것도 좋다는 논리다. 물론 그렇게 해서 조금 나아질 수는 있다. 이해가 안 된 채로 문제를 우격다짐으로 풀었는데, 어느 순간 갑자기 이해가 될 수도 있다.

그런데 그 전에, 인내심이 바다같이 넓고 깊은, 하라면 어떻게든 해내는 극소수의 학생들을 제외한 대부분의 아이들은 수학에 넌덜머리를 내며 수학을 포기하고 만다.

이것이 핵심 포인트다. 어떻게든 문제를 억지로라도 많이 풀게 하면 도움은 되겠지만, 그 결과를 얻기도 전에 수학에서 도망가게 되고 수학을 증오하게 된다. 그래서 수학은 암기와 물량공세로는 정복할 수 없다는 거다.

수학은 전후 맥락이 파악되고 인과관계가 머릿속에 들어와야 흥미진진해지기 시작한다. 수학 문제를 풀면서 가슴 뛰는 희열을 느낄 수 있을 때 드디어 수학 성적의 그래프가 올라가기 시작한다. 수학은 암기가 아니라 이해가 먼저고, 수학은 이해가 전부다.

공식 암기보다 먼저인 '왜'

수학 수업을 하다 보면 참으로 어처구니없는 상황을 종종 마주한다. 공식은 줄줄 외우는데 왜 그런 공식이 도출되는지, 왜 그 공식을 사용해야 하는지 전혀 모르는 아이들이 부지기수다. 알고 싶어 하지도 않는다. 공식의 탄생 과정이나 그 쓰임을 물으면 대부분 대답을 못 하고 벙어리가 된다.

외우는 것이 편하다면서 '왜'를 묻지 않는 아이들이 많은 것이다. 이런 수학 공부는 죽은 공부다. 죽은 공부로는 절대로 수학을 정복할 수 없다. 수학을 정복하려면 죽은 공부가 아니라 살아 있는 공부를 해야 한다.

그러려면 공식을 외우기 전에 그 공식이 왜 필요한지, 어떻게 탄생했는지, 왜 그 공식이 중요한지를 반드시 먼저 깨우쳐야 한다. 그래야 공식이 머릿속에 제대로 들어가고 장기 기억으로 각인되어 오랜 기간 잊지 않게 된다. 공식을 달달달 암기하면서 무슨 뜻인지 이해하지 못하면, 그 공식은 휘발성 기억으로 당연히 기억에서 곧 사라진다. 그러면 그동안 공식을 암기하는 데 들어간 시간과 노력은 모두 헛되게 되고, 실력 또한 나아지지 않는 게 당연하다.

다시 말하지만, 공식 암기보다 개념과 원리를 파고들며 '왜'를 깨닫는 게 먼저다. 그런 암기식 접근으로는 제대로 된 수학 공부를 할 수 없다. 단원의 제목이 무슨 뜻인지부터 알아야 한다. 그리고 그것이 왜 필요한지까지 머릿속에 넣어야 한다.

수학 공부는 그런 순서로 해야 한다. 초등수학도, 중등수학도, 고등수학도 다르지 않다. 도출 과정과 의미를 잘 알고 있다면 공식을 다시 유도해낼 수 있다. 시간이 흘러도, 배운 지 오래되어도 머릿속에 유도 과정이 그대로 남아 있으니 언제든 머릿속에서 꺼내 사용할 수 있다. 그게 진짜 수학 실력이다.

이제부터라도 수학 공부에서 무작정 단순 반복하는 의미 없는 암기는 그만둬야 한다. 생각해보라. 초등학교 2학년 때 나오는 구구단을 무조건 외워야 한다고, 곱셈의 원리는 하나도 몰라도 된다고 생각하는 학부모와 교사는 이제 없을 것이다. 덧셈과 뺄셈, 곱셈과 나눗셈의 개념을 공들여 가르치고 배우는 태도를 중등수학, 고등수학에서도 유지해야 한다.

왜 사용하는지, 어떤 과정으로 만들어지는지를 모른 채 공식과 유형을 줄줄 암기하는 방법으로 수학 공부를 계속한다면 몇 달이 지나도 몇 년이 지나도 절대로 수학 실력이 늘지 않는다. 게다가 수학 공부는 점점 더 지겨워진다. 다른 아이들이 앞으로 나아가는 동안 같은 자리에 있다가, 자신감을 잃고 수학을 포기할 것이 뻔하다.

그러나 원리와 개념, 공식에 대해 '왜'를 묻는 방법으로 수학 공부를 하다 보면, 머릿속에 자연스럽게 논리 회로가 만들어지고 공식은 드디어 완벽하게 자리를 잡는다. '왜?'를 찾아가는 과정에서 수학을 정복할 수 있는 진짜 실력이 비로소 완성되는 것이다.

수학을 못하는 건 아이 탓이다?

"우리 아이가 끈기가 없어요."

많은 학부모와 선생님들이 아이가 수학을 못한다고 푸념하면서 이렇게 말한다. 수학은 무조건 많이 풀어야 하는데 수학 참고서를 노려보다가 집어 던지고, 다른 문제집을 풀다가 집어 던지고, 제대로 끝내는 건 하나도 없다는 거다. 그리고 아이가 인내심이 없다고, 끈기가 없다고 타박한다. 좀 끈덕지게 앉아서 하면 점수가 오를 것 같은데, 그걸 안 한다고 애를 '잡는다.'

틀린 분석이고 잘못된 처방이다. 아이도 인내심을 갖고 어떻게든 잘 해내고 싶은데 수학만 보면 인내심이 안 생기는 것일 뿐이다. 수학을 하고 싶은데 수학책만 펴면 너무 힘든 거다.

외면하고 싶어진다. 그러다 보면 포기할 수밖에 없다.

수학은 끈기로 하는 게 아니다

이렇게 생각해보자. '사회' 등 속칭 암기과목을 잘하는 아이들이 '수학'까지 잘하는 경우는 많지 않다. '전 과목'을 잘하는 상위 0.1% 천재 아이를 제외하고, 수학, 과학을 잘하고 좋아하는 아이들이 사회나 국어 등의 문과과목을 잘하거나 좋아하는 아이들은 드물다. 왜 그럴까?

과목의 특성상, 좋은 점수를 내기 위해 필요한 공부 스타일이 다르기 때문이다. 문과과목은 개념에 대한 이해가 먼저가 아니라, 일단 지식의 암기가 우선인 경우가 많다. 지식을 많이 알고, 그것을 스스로 분류하고 해석함으로써 새로운 개념을 추론하는 것이 핵심이기 때문이다. 문과적 호기심이란 지식 암기를 통해 사회를 창의적으로 보거나, 자기 말로 풀어보거나 만들어내는 능력이 핵심이다.

그러니 문과는 인내력을 먼저 가지다 보면 재미가 생기는 과목이다. 반면 '수학'을 잘하려면 개념에 대한 이해가 먼저 수반되어야 한다. 수학은 이해가 돼야 인내심이 생긴다. 아무리 인내심이 강한 아이라도 이해가 안 되는데 모든 문제를 인내심으로 버티면서 풀어낼 도리는 없다. 내 안의 모든 인내심을 모조리 끌어 모아 문제를 많이 풀어봤자 수학 실력에는 그다지 도움이 안 된다. 아니, 그 전에 포기할 가능성이 99퍼센트다.

IQ 139는 타고나지만 수학 1등급은 만들어진다

"머리가 나쁜가 봐요. 들을 땐 알겠는데 문제를 풀려고 하면 하나도 모르겠대요."

"창의력이 없어서 응용 문제만 나오면 문제를 못 풀어요."

이런 얘기들도 마찬가지다. 결국 수학을 못하는 게 아이 탓이라는 논리다.

그러나 머리가 나빠 수학을 못한다면 우리나라 국민의 99%는 수학을 못해야 한다. IQ 139가 넘는 천재들은 수만 명 중의 한 명이지만, 1등급은 20명 중의 한 명이다. 만일 아이들의 IQ대로 수학 등급이 형성된다면 수학 공부를 12년 동안 할 필요가 뭐가 있겠는가? 대학 입시는 왜 보는가? 어릴 때 IQ 순서대로 명문대부터 차례로 줄 세워 들어가게 하면 될 일이다.

그러나 대학 입시는 아이의 타고난 DNA가 아니라 그 아이가 고등교육 과정을 얼마나 충실히 잘 따라왔느냐를 평가하는 시험이다. 수학 공부에 있어서 IQ가 좋은 것은 충분조건일 뿐 필요조건이 아니다. 도움은 되지만 결정적인 것은 아니라는 것을 내가 가르친 수많은 제자들이 정확히 증명하고 있다. 1등급 1,000명 중 한두 명은 정말 머리가 좋은 아이들이지만 대부분의 1등급은 후천적으로 '만들어진다.'

아이가 이해를 잘 못하면 이해를 잘 시켜주면 된다. 창의력이 낮다면 창의력을 높여주면 된다. 수학을 싫어한다면 수학을 좋아하게 만들면 된다. 그러면 아이들은 기적적으로 수학을 정복하게 된다. 수학을 못하는 아이는 죄가 없다. 일부러 나쁜 의도를 갖고 아이들을 '수포자'로 떠민 것은 아니지만 잘못된 목표와 전략, 주입식·암기식 수업 등으로 결과적으로 아이를 수포자로 밀어 넣은 어른들이 문제다. 처절히 반성해야 한다. 그리고 더 나은 수학 교육을 위해 더 연구하고 노력해야 한다. 그래야 참 스승이다.

실수만 안 했더라면!

"우리 아이는 수학 잘하는데, 시험만 보면 실수를 너무 많이 해요. 실수만 안 했으면 1등이었는데 그 실수 때문에 10등 됐어요."

실수가 아니다. 그 아이의 실력이 원래 10등인 거다. 얼마 전 내 학원에 들어온 지 얼마 안 된 녀석이 이렇게 말했다. "선생님, 저 만점 받을 수 있었는데요, 실수로 틀렸어요. 만점 받은 애가 세 명이라서 4등이 돼버렸어요. 너무 속상해요." 위로 받으려고, 같이 속상해해달라고 나를 바라본다. 나는 이렇게 말했다. "안타깝긴 하지만 넌 정확히 4등이야."

왜 우리 아이만 실수한다고 생각하는가? 우리 아이가 실수할 때 다른 아이도 실수한다. 그게 다 모여서 성적이 되고 등급이 되는 것이다.

자기 실력을 과대평가하지 마라

이것이 팩트다. 성적은 있는 그대로의 실력을 말해준다. 실수를 했든 시간이 아슬아슬하게 모자랐든 그것 또한 실력이다. 이걸 인정하면서부터 진짜 수학 공부가 시작된다.

해마다 고3들을 가르쳐보면 대부분의 학생들이 자신의 실력을 과대평가하고 있음을 느낀다. 모의고사에서 수학 등급이 안 좋게 나오면 "거의 풀 수 있었는데 시간이 모자랐다"거나 "사소한 실수 때문에 실력을 다 발휘 못했다"라고 갖은 핑계를 대며 자신의 실력은 그게 아니라고 항변한다.

모두 변명이고 핑계다. 떨린다? 남들도 떤다. 시험에서 안 떠는 사람은 거의 없다. 실수했다? 남들도 실수한다. 시간이 모자랐다? 남들에게도 같은 시간이 주어졌다. 성적을 자의적으로 해석하면 그 피해는 고스란히 자신에게 돌아온다.

현실을 직시해야 한다. 모의고사는 엑스레이다. 어디가 아픈지, 어디가 부러졌는지, 어디에 깁스를 해야 하는지 눈을 똑

바로 뜨고 분석해야 한다. 내가 실수를 했든 갑자기 기억이 안 났든 시간이 부족했든, 받은 성적 그대로가 정확한 나의 위치이자 수준임을 인정하는 것이 올바른 시작이다. 거기에서부터 실수를 어떻게 극복해야 하는지, 문제풀이 시간을 어떻게 줄여야 할지 등 약점들을 확실하게 보완하고 극복해야 한다. 그래야 실전 수능에서 반드시 역전할 수 있다. 만일 모의고사 결과를 있는 그대로 받아들이고 약점을 보완하지 않는다면 수능에서는 더 참담한 결과를 받게 될 것이다.

계산 실수는 실력이 아니다

그런데 한 가지 유의할 것은, 계산 실수는 실력이 아니라는 점이다. '계산에서 실수했다 → 실수하지 않도록 연산 훈련량을 늘린다'라는 공식이 틀렸다는 말이다.

연산 실수를 줄인다는 명목으로 연산 무한 반복 연습을 강요하는 경우가 너무나 많다. 심지어 중학생, 아니 고등학생조차 연산만으로 가득 찬 초등수학 문제집으로 연습하는 광경도 목격했다. 그러나 연산의 무한 반복 연습으로 연산 실수를 예방한다는 건 벼룩을 잡겠다고 초가삼간을 다 태우는 것이나 마찬가지다. 실수를 줄이겠다고 지루하고 단조로운 연산 문제를 반복적으로 풀리는 것은, 아이들을 수학에서 더욱 멀어지게 만드는 단세포적인 대응일 뿐이다.

실수에는 크게 두 종류가 있다. 첫째는 실력이 모자라 틀린 것을 실수라고 주장하는 경우다. 이때 실수는 실력이다. 중요한 개념에서 구멍이 생겨 풀이 과정 중 어느 한 부분이 해결이 안 된 것인데, 그 부분만 조금 파악이 되면 바로 풀 수 있다는 허황된 믿음을 '실수'라는 단어로 포장하는 것이다. 이런 경우는 단순 연산 문제를 무식하게 푸는 것이 아니라 개념서를 완벽히 정복하는 것이 그 해결책이다.

둘째는 말 그대로 단순 연산 실수다. 모든 풀이 과정을 완벽하게 이해하고 마무리까지 잘 해냈는데 중간에 사칙연산 중 하나를 어이없게 실수하여 답이 틀려버리고 만 경우다. 연습이 부족해서? 그럴 리 없다. 초등, 중등, 고등 올라오면서 문제 속에 자연스럽게 포함된 연산만 해도 수만 번 이상 했을 텐데, 아직도 연습이 모자라서 연산 실수를 한다고 생각한다면 한참 잘못된 진단이다.

이런 실수는 연습 부족이 아니라 정신적 문제라고 할 수 있다. 하루아침에 없앨 수 없는 것이 당연하다. 동시에 산더미 같은 문제를 풀리고 문제 유형을 외우게 하는 양적인 접근으로는 절대로 극복되지 않는다. 불안감을 없애기 위해서는 자신감을 키워 안정된 마음으로 시험장에 들어갈 수 있도록 해줘야 한다. 실수할까봐 불안한 마음, 시간이 모자랄까봐 쫓기는 마음, 검산할 시간적 여유를 만들어낼 수 없는 장황한 문제풀이법 등 실수를 유발하는 요인들을 하나씩 차근차근 줄이고 개선하여 결국 실수를 이겨낼 수 있도록 만드는 것만이 '수학 실수 극복의 유일무이한 왕도'다.

연산으로 수학을 잡는다?

'연산'은 수학 공부에서 가장 중요한 키워드 중 하나다. 앞에서 실수에 대해 이야기했지만, 아이가 연산 실수를 하면 부모와 선생은 연산 실력이 부족해서 실수했다고 진단한다. 실수도 실력이니까. 연산 실수는 연산 실력이 없어서 발생한 것이라는 논리다. 이런 잘못된 진단에서 비롯된 잘못된 처방은 치명적 결과를 초래한다. 바로 연산 트라우마다.

연산 실수는 연산 실력이 나빠서 생기는 게 아니다. 그런데 연산 실수한 아이에게 한 권 가득 연산만 나오는 문제집을 던져준다. 그러면 자연스럽게 아이들은 연산 자체를 싫어하게 되고, 연산 실수를 더 하게 된다.

실력은 떨어지지 않았는데 왜 그런 일이 발생할까? 문제를 풀었으니까 실력이 떨어진 건 아니다. 그런데 아이는 '이번에도 연산 실수를 하면 더 어마어마하게 많은 양의 연산 문제를 풀어야겠지?'라는 생각에 가슴이 벌렁거리고 연산을 틀리면 안 된다는 강박증에 빠져서 결국 더 실수를 하게 된다.

눈앞에 보이는 현상만 보고 원인과 해결책을 잘못 판단해 아이의 수학을 망치는 결과를 초래하는 셈이다. 이런 실수를 방지하는 최고이자 유일한 방법이 있다. 바로 '문제풀이 최적화'다.

빠르고, 짧게!

실수를 줄이려면 이 두 가지를 잊으면 안 된다. 빠르고 짧게 풀어라.

계산을 빨리 하라는 게 아니다. 풀이 과정을 극적으로 줄여서 빨리 끝내라는 말이다. 풀이 과정이 줄면 연산이 줄어든다. 한 문제를 풀 때 연산이 10번 필요한 경우와 2번 필요한 경우를 생각해보자. 어느 쪽이 연산 실수 확률이 낮을까? 연산이 10번 필요한 긴 풀이 과정으로 답을 내는 아이와 짧고 간결하게 효율적으로 답을 내는 아이 중 누가 연산 실수가 더 많을까? 당연히 아주 간결하게, 짧게, 효율적으로 푼 아이들이 연산 실수가 적다.

예를 들어 목적지에 가는 중간에 진흙 길이 있다고 하자. 우회로가 있는데 굳이 그 진흙 길로 가면서 옷에 진흙이 전혀 튀지 않게 하는 것이 가능한가?

굳이 연산을 많이 해야 하는 장황하고 미련한 풀이를 선택하면서 실수를 하지 않기를 바란다면 그건 진흙 길을 가면서 옷에 흙이 묻지 않기를 바라는 것과 같다. 실수가 문제가 아니라 풀이 과정 선택이 문제였던 것이다. 대부분의 수학 문제에는 풀이 방법이 한 가지만 있지 않다. 창의적 접근으로 다양한 풀이법이 얼마든지 나올 수 있는 것이 수학이라는 학문이다. 이런 풀이법 중 가장 간결하고 명쾌하며 과정이 짧은 방법을 선택하면 연산 횟수가 줄고 실수도 자연히 줄어들게 된다. 그것이 바로 '문제풀이 최적화'다.

연산을 많이 하면서 동시에 연산 실수를 없애겠다면 그건 완벽한 계산기가 되겠다는 발상이나 다를 바 없다. 당연히 불가능하다. 인간은 계산기가 아니기 때문이다. 그런데도 연산 실수는 연습이 부족한 거라며 더 많은 연습으로 그것을 극복하려고 하는 것은 참으로 어리석은 처방 아닌가?

생각해보자. 고등학교 2학년 학생이 분수에서 실수했다고 초등학교 때 나오는 분수의 사칙연산 문제를 풀게 하면 아이의 자존감은 땅에 떨어지고 수학은 더욱 싫어지며 수학적 사고력이나 창의력은 저 멀리 날아가버리지 않겠는가?

마음을 가라앉히고 덤벙대지 말라고 이야기하는 것 역시 공허한 조언이다. 실전에서 연산 실수를 줄일 수 있는 최고의 방법은 연산을 덜 하게 하는 것이고, 그 방법이 바로 '문제풀이 최적화'다. '문제풀이 최적화'는 문제를 짧고 빠르고 효율적으로 풀 수 있도록 함으로써 연산이 가능한 한 줄어들도록 해주며, 실수를 없앨 수 있게 해주는 두 번째 방법과도 연관된다.

둘째 방법은 바로 똑똑한 검산이다. 검산이 중요하다는 건 누구나 안다. 그런데 A 방법으로 문제를 푼 후 A 방법으로 검산을 하면 실수가 눈에 잘 안 들어온다. 다시 풀어도 똑같은 답이 나오는 경우가 많기 때문이다. A 방법으로 문제를 풀었다면 검산은 B나 C 방법으로 해야 한다. 다른 방식으로 그 문제를 접근해야 A 방법에서 저지른 실수를 100퍼센트 잡아낼 수 있다.

'문제풀이 최적화'로 가장 짧은 시간 안에 문제를 풀어 검산 시간을 확보하고, 여러 가지 방법으로 검산을 하는 것. 이것이 실수를 줄이는 최고이자 유일한 방법이다.

연산 폭격은 수포자를 만드는 지름길

또 하나 널리 퍼져 있는 주장 중 하나가 초등 저학년 때 연산을 잡아야 한다는 논리다. 물론 초등 저학년 때 연산을 많이 시키면 안 한 아이들보다 실력이 좋아 보일 것이다. 사실 현행 초등수학 과정에서 가장 중요한 목표가 사칙연산을 이해하고 사칙연산에 익숙하게 하는 것이기도 하다. 초등수학에서 연산에 구멍이 생기면 중등수학, 고등수학을 제대로 할 수 없는 것은 당연하다.

그러나 단적으로 말해 초등 저학년 때 연산을 잡는다는 말은 아이를 어릴 때부터 잡겠다는 말과 똑같다. 수학 공부는 재밌어야 한다. 최소한 싫지는 않아야 한다. 그런데 매일 한 시간씩 연산 문제집만 풀면 수학이 싫어지게 된다.

연산이 필요 없다는 얘기가 아니다. 연산 자체가 수학 공부의 목적이 되고 핵심이 되어서는 안 된다는 말이다. 교육부에서는 교육과정에 계산기를 도입시키는 방안을 본격적으로 검토하는 중이다.

계산기를 쓰게 하면 수학적 두뇌를 연산 실수를 줄이는 게 아니라 '수학적 사고'를 하는 데 쓰게 할 수 있다. 현재 대한민국에서의 수학 시험은 계산 실수를 유도하기 위해 일부러 복잡한 계산이나 지저분한 숫자들을 피할 수 없게 만드는 경우가 많다. 치사한 문제들이다. 이 문제들을 풀기 위해 학생들은 엄청난 문제풀이 반복을 할 수밖에 없다. 결국 수학에서 일생일대의 과제가 '연산 실수 막기'가 되는 기현상이 대한민국 수학 교육계에서 일어나고 있는 것이다. 아이들을 실수 없는 계산 기계가 되게 만드는 것이 수학의 근본 목적이 아닐 텐데, 이런 치졸한 문제들로 실수를 유발해서 점수를 가르고 줄을 세워야 하는 교육 현장의 모습이 너무도 안쓰럽고, 아이들이 불쌍하다.

수학은 연산이 아니다. 연산은 수학의 도구일 뿐이다. 수학에서 연산이 들어가지 않는 문제는 없다. 연산 능력은 문제 속에서 자연스럽게 습득되는 능력이다. 문제풀이를 통해 자연스럽게 차곡차곡 연산 능력이 쌓이도록 해야 한다.

이런 인식 없이 초등 저학년 때 연산을 잡겠다고 연산 문제집을 푸는 데 집착하는 순간 수학을 싫어하게 되는 건 자연스러운 수순이다. 아이의 머릿속에 '수학=지긋지긋한 연산'이라는 공식이 자리잡고, 고등학교까지 수학은 '증오의 대상'이 된다.

연산 폭격은 수학의 싹을 자른다. 연산 실수는 인간이라면 누구나 할 수 있는 것이다. 연산 100문제를 풀어도 잠깐 딴생각을 하거나 마음 상태가 불안하면 더하기가 빼기로 보이고 2가 3으로 보인다. 그러니 아이가 깜빡 연산 실수를 했다면 혼내지 말고 괜찮다고 안아줘라. 마음을 다치게 하지 마라. 마음이 평온해야 실수가 줄어든다. 실수해도 괜찮다는 여유가 오히려 실수를 줄여준다.

버리면 얻는다. 누구에게나 일어나는 일에 목을 매지 말고 문제를 푸는 과정에서 자연스럽게 연산 연습을 하도록 이끄는 것이 연산 울렁증을 극복하고 연산 실수를 극복하는 해법이다. 연산 실수는 연산으로 잡는 게 아니다.

전교1등과 팀 짜면 안 되는 이유

코로나19로 팀 과외 선호 경향도 뚜렷해졌다. 또래 아이들끼리 팀 수업을 하게 되면 수업료 부담도 줄고, 아이들이 서로 경쟁하고 자극을 받으며 공부 효과가 높아진다는 것이다. 대치동에서는 팀 수업 혹은 그룹 과외를 어떻게 짤까?

일단 모든 아이의 니즈와 수준에 맞는 수업은 불가능하다는 사실을 염두에 두어야 한다.

대개 팀은 주인공인 아이가 존재한다. 주로 성적이 좋은 아이인데, 그 아이를 중심으로 팀이 형성되고 그 엄마가 팀을 짜는 주체가 되어 주위 엄마들이 '우리 애도 넣어줘'라고 부탁하면서 그룹이 형성되는 식이다. 공부 잘하는 아이 엄마가 함께

하자고 하면 대부분 반색하며 팀에 들어간다.

엄마들은 당연히 우리 아이가 공부를 잘하는 아이와 함께 섞이길 원한다. 잘하지 못하는 아이와 팀을 짜게 되면 자존심 상해 하고, 잘한다고 소문난 아이 엄마를 쫓아다니며 정보를 얻으려고 한다.

그러나 확실하게 말할 수 있다. 이건 잘못된 생각이다. 틀린 전략이다. 최소한 수학 과목만큼은 우리 아이보다 잘하는 아이가 있는 팀에는 절대로 들어가면 안 된다. 만약 그룹을 짜야 한다면 우리 아이가 1등인 그룹에 넣어야만 효과를 볼 수 있다. 아이가 10등이라면 11등, 12등과 팀을 짜야 한다. 잘하는 팀에 턱걸이로 들어가면 아이는 들러리가 될 수밖에 없다.

왜 그럴까? 모든 강사는 강의를 이끌 때 그 반에서 가장 잘하는 아이의 수준에 맞춰서 수업을 진행한다. 만약 팀에서 중간 정도 아이들의 수준에 맞춰 수업을 진행하면 잘하는 아이는 동기 부여가 되지 않고, 아는 것을 천천히 설명한다며 불만을 표시한다. 잘하는 아이가 수업에 불만족하면 엄마들은 '선생님이 실력이 없구나'라고 판단한다.

반대로 팀에서 잘하는 아이가 '선생님 잘 가르쳐주셔. 머릿속에 쏙쏙 들어와'라고 반응하면 나머지 아이들은 이해를 잘 못하는데도 자신이 엄청 실력 좋은 선생님한테 배우는 것 같은 착각을 하게 된다.

타고난 DNA 덕에 수학을 잘하는 상위 1% 아이들은 선생님이 어렵게 가르쳐도 찰떡같이 알아듣는다. 선생님이 복잡하게 얘기해도 본인 스스로 더 쉽게 정리해서 머릿속에 담기 때문이다. 그래서 잘 못 가르치는 선생님한테도 잘 배운다. 우리 아이가 수학적으로 타고나지 않았다면 이런 아이들과 팀을 짤 때 어떤 결과가 나타날지는 뻔하지 않겠는가?

다른 과목, 예를 들어 영어는 이와 반대다. 잘하는 팀에 턱걸이로 들어가는 게 좋다. 영어는 그래도 쫓아간다. 듣기만 해도 도움이 되고, 그냥 앉아만 있어도 입력이 되기 때문이다.

생각해보자. 아이들의 영어 실력을 높이기 위한 가장 좋은 방법은 영어권 나라에 아이를 던져놓는 것이다. 처음에는 고군분투하지만 시간이 지나면 수준을 따라잡을 수 있다. 그런데 만약 카이스트대학의 수학과 수업에 아이를 집어넣는다면? 그곳에서 수업을 받는 것만으로 아이의 실력이 향상될 수 있을까? 바보가 된 느낌만 받을 가능성이 크지 않겠는가?

바로 이런 이유 때문에 수학 과목은 팀도 잘 만들어지지만 유난히 '들러리'가 많다. 그럼에도 불구하고 자기 반 1등이 있는 팀에 들어갔다는 만족감 때문에 그것을 포기하지 못하는 엄마와 아이들이 많다.

진짜 중요한 건 내 눈높이에 맞춘 수업이다. 그래서 당연히 일대일이 가장 효율적이지만, 꼭 팀을 짜야 한다면 자기와 비슷한 수준이거나 조금 낮은 아이와 팀을 만들어야 한다는 사실을 기억해두자.

문장제 문제를 못 풀면 책을 읽혀라?

"우리 애는 문장제만 나오면 너무 어려워해. 무슨 말인지 전혀 모르겠대."

이런 아이에게는 어떻게 해야 할까? 설마 '독해력이 떨어져서 그런 거니 독서 학원에 보내야겠어'라는 결론을 내리겠는가?

코미디도 이런 코미디가 없다. 문장제를 못 푼다는 '문제'에 대해서 '독해력이 떨어져서'라는 진단을 내리고 '독해력을 키우라'라는 처방을 한 셈이다. 어느 환자가 허리가 아파서 병원에 갔다. 나중에 알고 보니 신장에 염증이 생겨서 그런 증상이 생긴 것이었다. 그런데 의사가 디스크가 문제라며 디스크수술을 집도했다. 그 환자의 허리 통증이 과연 나아졌을까? 당연히 허리 통증이 나아지기는커녕 수술 때문에 증상은 더 악화됐을 것이다. 진단이 잘못되고, 처방이 잘못됐기 때문이다.

수학에서 '문장제' 문제를 못 푸는 이유는 단 하나다. 문제가 무슨 뜻인지 몰라서가 아니라 그 문제가 '무엇을 묻는지', 즉 '원리와 개념'을 몰라서다.

너 자신을 알라

초등학교 때부터 수학 과목에서 문장으로 된 문제, 즉 문장제나 서술형 문제를 못 풀고 어려움을 느끼는 아이들이 의외로 많다. 이럴 때 학부모들은 문제를 이해하지 못해서라며 독해력을 키워야 한다고 목소리를 높이며 아이에게 책을 읽으라고 잔소리를 하고, 수학 동화를 읽히고, 독서 학원에 보낸다. 사고력 학원과 스토리텔링 수학 열풍은 그놈의 '문장제' 공포 때문에 생겨난 '시장'이다.

그러나 그런 학부모들에게 묻고 싶다. 그렇게 국어 독해력을 보완했더니 수학 문장제나 서술형 문제를 잘 풀게 되었는가? 이 말은 사실 '국어를 잘하면 수학도 잘하는가?'라는 질문이나 다름없다. 그리고 이 질문에 대한 답은 '절대로 그렇지 않다'이다. 국어와 수학은 '로직'이 다르기 때문이다.

문장제 문제를 못 푸는 이유는 하나다. 문제가 묻는 '개념과 원리'를 모르기 때문이다. 중등수학에 들어가면 본격적으로 '미지수를 스스로 찾아 식을 세우고 답을 내는' 문제가 나오게 된다. 예를 들어 다음과 같은 '소금물 문제'가 유명한데, 의외로 이런 문제에서 식을 세우지 못해 아예 답을 내기를 포기하는 경우가 많다.

6%의 소금물 400g이 있다. 여기에 물 200g을 더 넣은 후에 몇 g의 소금을 더 넣으면 10%의 소금물이 되는지 구하여라.

이 문제에서 구해야 하는 것은 10% 소금물에 들어가는 소금의 양이다. 이걸 미지수 x로 놓고 문제를 따라가며 등호가 포함된 식을 만들어야 한다. 소금의 양은 소금물×농도이므로 처음 6% 소금물에 들어간 소금의 양은 $400 \times 0.06 = 24$g이다. 일단 여기까지 구한 다음 식을 세우면 되는데, 이 문제의 경우 '6% 소금물에 들어가는 소금+나중 소금물의 소금(x)=합친 소금물의 소금'으로 식을 세울 수 있다. 즉, $24 + x = 0.1 \times$

$(600+x)$이고, 이는 일차방정식이다. 여기에서 x를 계산해 풀면 40g이 답이다.

이런 문제를 푸는 핵심은 먼저 '무엇을 구할 것인지', 즉 미지수를 결정하고, 그에 따라 문제를 '수학적 식'으로 정리하는 것이다. 소금물 문제는 보통 '소금의 양'만 따라가서 식을 세우면 어떤 문제도 풀 수 있다. 그 수학적 로직을 이해해야 하는 것이지, 독해력을 키워야 하는 것이 답일 수 없는 이유다.

또 다른 예를 들어보자. 피타고라스 정리 문제만 나오면 멘붕이 온다는 아이들이 많다. 예를 들면 이런 문제다.

좌표평면 위에서 두 점 $A(-2, a)$, $B(a, 1)$ 사이의 거리가 3일 때 a의 값을 모두 구하여라.

이 문제는 다음과 같이 풀 수 있다.

점과 점 사이의 거리 공식에 의해 $\overline{AB}=\sqrt{(a+2)^2+(1-a)^2}=3$이므로 양변을 제곱하여 좌변의 제곱근을 벗기면 $(a+2)^2+(1-a)^2=9$가 된다. 이 식을 전개해서 a에 대해 내림차순으로 정리하면 $2a^2+2a-4=0$이고, 양변을 2로 나누면 $a^2+a-2=0$이 된다. 이 이차방정식을 인수분해하면 $(a+2)(a-1)=0$이 되고, 답은 '$a=1$ 또는 $a=-2$'이다.

이 문제를 '기하' 문제라고 생각하면 오산이다. 도형이 나왔다고 해서 무조건 '기하'가 아니다. 이 문제는 다항식의 연산 문제다. 피타고라스 정리를 이용한 공식을 사용하지만, 이 문제의 답을 내기 위해서는 곱셈공식과 이차방정식, 인수분해 등 대수적 능력이 필수적으로 요구된다. 아니, 핵심이다.

아무리 피타고라스 정리를 잘 이해하고 외우고 있더라도 문자로 주어지는 응용 또는 융복합 문제들은 대수를 잘 다루지 못하면 절대 해결해낼 수가 없다. '피타고라스 문제가 안 풀리면 피타고라스 문제를 무조건 많이 푼다'는 식으로 접근해서는 피타고라스 문제를 정복할 수 없다. 오히려 피타고라스 문제를 증오하게 된다.

피타고라스 문제를 자꾸 틀리는 아이의 풀이 과정을 잘 살펴보면 의외의 곳에서 문제를 발견하는 경우가 많다. 그것을 이해하는 것이 첫 번째고, 그것이 가장 중요하다. 소크라테스 식으로 말하자면, '너 자신을 알라'인 셈이다.

스토리텔링 수학 열풍의 실체

개정 수학과정으로 수학 교과서가 바뀌면서 교육계에 불러온 혼란 중 하나가 '스토리텔링 수학' 논란이다. 이는 수학에 대한 두 가지 큰 오해 때문에 비롯된 것이다.

첫째, 수학이 어려운 것은 '공식과 문제풀이' 때문이라는 오해다. 그래서 수학을 '이야기'로 쉽게 풀어서 설명하면 수포자가 줄어들 것이라는 것이다.

둘째, '수학은 실생활에 도무지 쓸모가 없는 학문'이라는 일반인들의 오해다. 그래서 '실생활'과 연결되는 문제를 많이 접해보면 수학의 쓸모를 알 것이고, 그러면 수학의 재미를 느끼게 될 것이라는 논리다. 그래서 수학 교과서와 문제집에 실생활과 관련된 '길고 긴' 스토리텔링이 등장하기 시작했다.

사탕만 빨아먹고 약은 버리는 스토리텔링 수학

그런데 여기서 질문 하나를 던져보겠다. 어려운 수학을 '길게' 설명하면 이해하기 쉬워질까? 정답은 '절대로 아니다.' 어려운 것을 쉽게 이해하도록 하는 것은 '긴' 설명이 아니라 '쉬운' 설명이다. 초등수학에서 개념을 '이야기로 길게' 설명하다 보니 꼭 다루어야 할 내용은 축소되기 시작했고, 결국 중등수학과 고등수학에 들어가면 압축적으로 설명한 내용을 이해해야 하는 상황이 발생했다.

수포자를 줄이겠다고 도입한 스토리텔링 수학 교육법이 오히려 학생들을 더 좌절시키는 형국이다. 길고 긴 지문을 읽어야 한다는 데 질려버리고 수학을 더 싫어하게 되는 아이들도 많다. 학부모들은 그래서 국어 실력을 키워야 한다고 믿기도 한다.

그러나 스토리텔링 수학을 잘 읽기 위해서는 반복적으로 사용되는 몇 가지 표현을 이해해야 한다. 예를 들어 '합하면'이 나오면 '+'를, '겹치면'이라는 말이 나오면 '−'를 떠올리는 식이다. 우리가 흔히 아는 국어 실력과는 다른 능력이 필요하다. 요즘 유행하는 STEAM[Science(과학), Technology(기술), Engineering(공학), Arts(예술), Mathematics(수학)] 유형의 문제를 보면 지문은 무지막지하게 길지만 사실 반 이상은 읽고 이해하지 않아도 답을 구하는 데 아무 지장이 없다.

이런 문제를 어려워하는 아이들을 보고 학부모들은 '우리 아이가 국어를 못해서 수학도 못하는구나'라고 생각한다. 그래서 책을 많이 읽혀보기도 한다. 그러나 이건 아이의 수학 실력 특히 서술형 문제를 푸는 능력과는 아무런 상관이 없다. 아무리 국어를 잘해도 수학은 못할 수 있다. 왜냐하면 긴 수학문제를 잘 푸는 건 '읽는 능력', 즉 '독해력'을 요구하는 게 아니라 수학적 사고력과 긴 문장에서 문제의 해답을 찾기 위한 실마리를 끌어내는 기술이 필요하기 때문이다.

수학에서 '문장제' 문제를 못 푸는 이유는 단 하나다. 문제가 무슨 뜻인지 몰라서가 아니다. 문제 안에 있는 단어 하나하나의 뜻을 몰라서도, 그 문장 전체의 주어와 서술어를 찾지 못해서도 아니다. 국어의 문법과 수학 문장제의 문법이 다르다는 것을 모르기 때문이다. 그래서 엉터리 대응 전략이 판치는 거다. 문장제 문제를 잘 풀려면 독해력을 키워야 한다며 문학 책, 과학 지문을 읽히는 것이 합리적인 대응일까? 안타깝고 답답하기 그지없다.

문장제 문제를 잘 풀려면 문학적 표현이나 문장의 구조를 파악해야 하는 것이 아니라, 그 문제가 출제된 단원의 수학적 개념 및 원리 이해에 기반한 문장의 표현을 수학적으로 재해석하는 능력을 키워야 한다.

예를 들어 국어에서는 '의'가 조사(격조사)로 쓰인다. 국어사전을 찾아보면 대략 10개 정도의 뜻이 나열돼 있지만, 수학 문장제에서 '의'는 '곱하기'의 의미로 많이 쓰인다. 평소 국어에서 사용하는 단어들의 의미가 수학적으로는 다르게 쓰이는 경우가 많은 것이다. 그런 쓰임에 익숙해지고, 그런 표현들이 수학적 개념과 어떻게 연결되어 식으로 표현되는지를 완벽하게 이해하고 자기 것으로 만드는 것이, 문장제 문제를 정복하는 유일한 방법이다.

그렇다면 '스토리텔링'형 수학 동화를 많이 읽히면 수학 실력이 늘까? 안타깝게도 수학 실력은 '스토리텔링'을 읽는 능력과는 아무런 상관이 없다. 수학 동화를 많이 읽는 아이가 수학을 '재미있다'고 여길 수는 있지만 '수학의 내용'을 제대로 이해하거나 파악하게 되는 경우는 많지 않다.

재미있는 스토리텔링은 좋아하며 읽어내지만 그 안에 녹아 있는 수학적 내용은 읽지 않고 혹은 제대로 이해하지 않고 넘어가는 경우가 허다하다. 수학이라는 '약'을 잘 먹게 하기 위해 설탕이라는 스토리를 잘 묻혀서 주었는데, 정작 아이는 설탕만 쏙 빨아먹고 약은 그냥 버리는 경우가 많은 것이다.

가짜 융복합 문제에 현혹되지 마라

몇몇 문제집에서 최상위 수준, 최고 수준이라면서 다루는 긴 문장형 문제 혹은 STEAM형 문제라는 것들은 '수학적 사고'를 하게 하는 문제가 아니라, 길고 긴 과학적 설명과 도표와 그림 뒤에 수학 문제가 2줄 정도 붙어 있는 식이다. 이런 문제를 위해 아이들에게 독해력을 키우라고 할 것인가? 이런 형태의 문제를 풀면 미래 사회에 필요한 융합적 능력이 길러질까?

아니다. 이런 문제들은 그냥 실로 꿰매놓은 누더기 같은 옷이다. 아이들에게 필요한 것은 수학적 사고방식을 더 새롭게 펼쳐가는 융합이며, 단원별로 쪼개진 문제를 기계적으로 푸는 것이 아니라 이 개념들을 융합하여 실생활에 적용할 수 있는 능력을 기르는 것이다. 이는 분명히 다른 개념이다.

이런 모순은 의도와 현실의 충돌 때문이다. 원래 스토리텔링 수학은 "수학 교육은 추론적·논리적 사고의 기초를 다지고 미래 산업과 사회의 기본을 이해하는 것이어야 한다"는 의도에 의해 개발되었다. 그런데 동시에 대한민국의 수학 공부는 '줄 세우기'를 가능하게 해야 한다. 내신과 입시수학은 학생들을 '공정'하게 평가할 수 있는 수단이 되어야 한다.

그러니 교과서의 개념 설명은 '더 길고 더 쉽게'라는 방식을 추구하지만, 시험 문제는 '더 어렵고 더 복잡하게'라는 방식을 추구할 수밖에 없다. '스토리텔링'형 수학은 불행하게도 그 충돌 속에서 아이들만 괴롭히는 도구가 되고 있다.

사고력 수학과 수학적 사고력의 관계

"사고력 수학을 꼭 해야 하나요?"

"교과 수학은 몇 학년부터 시켜야 하나요?"

"교과서만 봐도 잘할 수 있는 교과 수학을 벌써부터 할 필요는 없지 않을까요?"

"애들이 나이가 어리니까 사고력 수학을 시키면 재미있게 하지 않을까요? 나이도 어린데 벌써부터 수학 공부로 스트레스를 주고 싶지 않아요."

초등 저학년 혹은 미취학 아이들을 둔 엄마들이 가장 많이 하는 질문이다. 강연장에서, 유튜브 댓글로, 메일로, 공적·사적으로 내가 가장 많이 받는 질문들이기도 하다.

이 질문만 요약해보면 엄마들이 수학에 대해 가지고 있는 일반적인 생각을 정리할 수 있다. 첫째, 사고력 수학은 재미있고 창의적인 수학이다. 둘째, 창의성을 길러주는 재미있는 수학 공부는 어린 나이에만 가능하다. 셋째, 수학 공부는 시작하는 순간 아이에게 스트레스를 준다.

도대체 언제부터 대한민국에 '사고력 수학'이라는 과목이 따로 생긴 걸까? 수학적 사고력을 키우려면, 교과서로 배우는 수학으로는 부족한 것인가? 그래서 '사고력 수학'이라는 새로운 과목을 또 공부해야 하는 걸까?

수학은 원래 사고력을 키우는 학문이다. 그런데 '사고력 수학'이라는 말을 씀으로써, 기존 수학은 연산이나 암기 과목이며 '사고력 수학'이야말로 미래 수학이 추구하는 창의력을 키워주는 수학이라는 인식을 심어준다.

그런데 이 '사고력 수학'에서 많이 다루는 문제들을 보면 한 개념을 길게 늘이거나 복잡하게 꼬아놓은 문제, 퍼즐형 문제, 경우의 수나 비율 문제 들이다. 수학의 특정한 한 부분의 개념을 가져다가 '사고력 수학'이라는 이름을 붙이고, 경시대회를 열고, 영재성 검사라는 이름의 다양한 검사를 유도하는 초등 수학 시장은 사교육이 복잡하게 엉켜놓은 수포자 양산 시스템에 다름 아니다.

'수학적 사고력'은 우리가 살아가면서 사용해야 하는 기초적인 능력일 뿐, 영재성 검사나 두뇌 검사를 위한 문제를 푸는 능력을 가리키는 것이 아니다. 이렇게 생각해보자. 큐브나 퍼즐 맞추기를 좋아하는 아이는 물론 영재성 사고력을 가지고 있는 아이들일 수도 있고, 패턴과 규칙을 발견하는 데 재능이 있는 아이들일 수도 있다. 또 남다른 끈기와 집중력을 가진 아이들이기도 하다. 그런데 이 아이들을 학원에 보내 큐브 대회 1등을 만드는 것이, 수학 공부를 잘하게 만드는 길일까? 왜 소위 '사고력 수학'을, 모든 아이들이 수학을 잘하기 위한 기초적인 과정이라고 생각하는가?

우리 아이와 맞지 않는다면 굳이 이 능력을 키우는 훈련을 '사고력'을 키우는 훈련이라고 생각할 필요가 없다는 뜻이다. 큐브를 하면 추론 능력이 좋아진다. 퍼즐도 마찬가지다. 그러나 그렇다고 수학 공부를 잘하기 위해 큐브나 퍼즐을 학원을 보내 가면서 공부시킬 필요는 없다.

수학은 원래 '수학적 사고력'을 기초로 하는 학문이다. 학교에서 배우는 수학은 이 사고력을 바탕으로 하고, 이 사고력을 기르는 과목이다. '사고력 수학'을 해야만 수학적 사고를 할 수 있고 수학을 잘하게 되는 것은 절대로 아니다. 교과 수학에서 수학적 사고력이 키워지지 않는다는 생각은 '수학 점수'와 '등수'를 내는 교육 시스템의 문제일 뿐 '수학'이 잘못되어서가 아니다. 교과 수학을 잘하려면 연산을 잘해야 하고, 이것은 창의성과 상관없다는 인식 역시 수학 교육 방법의 잘못이지 수학의 잘못이 아니다.

물론 '사고력 수학' 자체가 나쁘다는 이야기는 아니다. 그러나 '사고력 수학'을 한다고 해서 '수학'을 잘하게 되는 것은 아니라는 것, 그리고 이걸 잘 못한다고 아이들의 수학적 자신감을 깎아내리는 일, 이걸 못한다고 아이가 수학을 못한다고 단정짓는 일은 없어야 한다는 이야기를 하고 싶다.

정작 진짜 수학은 시작도 못해본 채 사고력 수학을 하다가 수학에 질리거나, 수학을 재미없어하거나, 수학을 못한다는 낙인을 부모와 아이 스스로 찍어버리는 일이 허다하다. '사고력 수학'은 사교육의 상술, 그리고 수학은 재미없는 것이라는 엄마들의 오해가 만들어낸 하나의 상품일 뿐이다.

대치동에는 뭔가 특별한 게 있다?

"우리 아이가 초등 4학년인데 언제 대치동에 보내는 게 좋을까요?"

"대치동에 가면 부작용이 많다고 하는데, 우리 아이가 대치동에 가는 게 맞을까요?"

"대치동에서는 아이들이 학원 다니고 공부하느라 놀 시간이 없고, 놀 친구가 없으니 어쩔 수 없어서라도 공부를 한다고 하던데 우리 아이도 거기 보내면 공부를 하겠죠? 원래 머리는 좋은 애니까요."

"대치동 가려고 아파트를 알아보고 있는데, 애가 공부는 잘해요. 그런데 좀 내성적이고 소심해서 적응을 잘할지 걱정돼요."

나는 대치동에서 수학학원을 운영하고 있는 원장이다. 그리고 세 아이의 학부모기도 하다. 그런 내가 충심으로 하고 싶었던 이야기가 있다. 바로 '대치동 이야기'다. 한 달에 수십 번은 듣는 이 질문들에 대한 답을 이 자리에서 진심을 담아 공개해보려고 한다.

•

'1등 할 아이'가 아니라 '1등인 아이'들이 모인 곳

대한민국에서 대치동은 누가 뭐라고 해도 입시교육의 최전선이다. 대치동 바깥의 학부모는 선망의 눈으로 대치동을 바라보고, 아이가 공부를 좀 한다 싶으면 대치동 입성을 꿈꾼다. 혹은 환경이 안 좋아서 공부를 안 하니 대치동에 가면 공부하는 분위기에 휩쓸려 우리 아이도 공부를 하게 될 거라고 기대한다.

대치동은 사실 공부하기에 이보다 좋을 수는 없을 정도의 환경인 건 맞다. 일단 좋은 학원과 강사들이 많다. 물론 대치동에 자리잡았다고 해서 다 실력파 강사고 좋은 학원인 건 아니다. 하지만 이 인프라를 기반으로 교육 시스템이 다양화, 세분화되어 있어 아이에게 필요한 부분을 효율적으로 보완할 수 있는 가능성이 확률적으로 높다. 또 공부를 좋아하고 학구열이 높은 아이들이 많아 면학 분위기가 조성돼 있는 것도 사실이다.

그러나 대치동은 만병통치약이 아니다. 일단 첫 번째 포인트다. 생각해보자. 서울대에 가면 공부 못하는 아이가 공부를 잘하게 될까? 아니면 서울대는 공부 잘하는 아이들이 모여 있는 곳인가? 답은 당연히 후자다. 서울대는 공부 못하는 애들을 데려다가 잘하게 만들어주는 곳이 아니다.

대치동도 마찬가지다. 공부를 힘들어하는 아이들이 들어와서 잘하게 되는 동네가 절대로 아니다. 공부가 안 되고, 공부에 전혀 관심 없고, 공부라면 넌더리를 내는 아이들이 대치동에 온다고 해서 갑자기 '공부가 세상에서 제일 쉬워요'라는 말을 하기를 기대하는가? 그런 생각으로 대치동에 들어가는 부모들은 반드시 실패하고 후회하게 될 것이다. 이런 그릇된 판단 때문에 아이의 공부와 입시를 그르친다.

상상 그 이상의 경쟁

두 번째 포인트는 대치동에서의 경쟁은 상상 그 이상이라는 점이다.

네댓 살 무렵 유명 유치원에 들어가기 위해 거쳐야 하는 영재테스트와 레벨테스트를 시작으로, 해마다 찬바람이 불기 시작하면 이 학원 저 학원을 옮겨 다니며 '통과'와 '탈락'의 쓴맛 단맛을 보면서 성장한 아이들의 내공은 무시할 수 없다.

학교에 들어가서는 생기부 점수를 위해 학업은 기본이고 예체능 대회와 콩쿠르, 과제와 발표, 동아리 활동, 임원 선거 등 모든 분야에서 경쟁을 벌인다.

그러다 보니 어릴 때부터 심한 경쟁에 노출돼 대치동에서 나고 자란 아이들도 심적 스트레스를 이기지 못해 무너지는 경우가 많다.

대치동 입성의 성패를 좌우하는 가장 중요한 덕목은 바로 아이의 성향이다. 아이가 심한 경쟁에 내몰리면 스트레스를 받고 움츠러들고 회피하려고 하는 성향이라면 대치동은 치명적인 독이다. 절대로 오지 마라!

이건 인터넷 카페나 대치동으로 이사 간 친구, 대치동 키즈인 사촌언니가 절대로 해결해줄 수 없는 부분이다. 아이를 오랫동안 바로 곁에서 관찰한 부모만이 판단할 수 있다.

많은 아이들이 본 게임에서 뛰어보기도 전에 그 치열한 분위기에 압도돼 무너진다. 20년 가까이 대치동에서 아이들을 가르치면서 그런 안쓰러운 실패 사례를 많이 봐왔다. 선생으로서뿐만 아니라 부모로서도 안타깝기 그지없는 일이다.

너무 많은 선택지는 양날의 칼

세 번째 포인트이자 가장 강조하고 싶은 부분은 바로 대치동의 특수한 학습 환경이 양날의 칼로 작용한다는 점이다. 대치동은 교육에 있어 선택지가 넓고 다양하다. 어떤 이들에게는 원하는 것만 쏙쏙 골라 먹을 수 있는, 다채롭고 맛깔난 메뉴가 가득한 뷔페다. 그러나 어떤 이들에게는 식탐만 불러일으켜 그릇에 허겁지겁 음식을 담고 맛을 느끼지도 못한 채 과식만 하게 하는, 비싼 돈 내고 후회하는 곳이 돼버린다.

사교육 선택의 폭이 넓고, 돼지 엄마에 옆집 엄마에 수많은 학원 설명회 등 각종 주장과 설, 나름의 교육관이 난무하는 이곳은 부모는 물론 아이까지도 공부 허영에 빠지기 가장 좋은 동네이기도 하다.

엄마가 학원 설명회를 쇼핑하며 고개를 끄덕이는 동안 아이도 학교에서 친구들의 학원 이야기에 귀가 솔깃한다. 자신의 실력에 맞지 않는 어려운 학원을 전전하고, 어려운 학원의 레벨테스트를 굳이 쫓아다니면서 좌절하고, 자신이 들어야 할 수준보다 단계가 더 높은 선행을 허덕이며 쫓아가다가 총체적 난국에 빠지게 된다. 수학 과목의 경우 진도 나가는 학원, 현행 다지는 학원, 연산 학원, 사고력 학원 등 여러 학원을 다니며

가방 들고 학원 전기세만 내주는 아이들도 부지기수다.

웬만한 강심장이 아니고서는 소신을 지키기가 쉽지 않다. 무소의 뿔처럼 한 곳만 바라보며 뚜벅뚜벅 걸을 수 있는 환경이 못 된다. 시간과 노력, 경제적인 투자가 허무한 결과로 나타날 수도 있다. 질질 끌려다녀서는 대치동에서는 필패다. 수많은 성공 사례만큼이나 망가질 확률도 높은 동네가 바로 대치동이다. 아이들은 번아웃돼 어떤 것에도 강렬한 욕구나 열망을 보이지 않는 상태로 '병든 어른'이 될 수 있다.

충심을 다해 말하고 싶다. 현재 사는 동네에서 중간 하느니 대치동에서 꼴찌를 하는 게 낫겠다는 어설픈 생각은 위험하다.

수학 공식을 이해하는 4단계 방법

수학 문제를 풀 때 공식을 이해하는 것은 필수다. 앞에서도 이야기했지만 무조건 외워서는 절대로 안 된다. 그렇다면 반드시 머릿속에 넣어야 할 수학 공식은 어떻게 공부하는 것이 좋을까? 다음의 4단계 스텝을 염두에 두고 공부해보자.

Step 1 절대로 공식부터 외우지 않는다.

공식이 나오면 일단 외우고 본다는 생각은 No! 개념을 이해하지 않고 무작정 외우는 암기는 돌아서면 바로 잊는 휘발성 기억의 일종이 된다. 학습 효과가 현저히 떨어지는 방식이다.

Step 2 단원의 제목부터 이해한다.

예를 들어 인수분해 단원을 나갈 때 공식 폭탄부터 떨어뜨려서는 안 된다. 인수분해가 무슨 뜻인가? 인수분해의 정의는 무엇인가? 인수분해와 소인수분해는 어떻게 연계되고 무엇이 다른가? 단원의 제목은 그 단원의 핵심 개념을 담고 있다. 그냥 읽고만 넘어가서는 안 된다. 반드시 제목을 제대로 이해하고 넘어가야 한다. 이것이 마중물 공부다.

Step 3 이 개념이 필요한 이유를 생각해본다.

인수분해는 숫자만 다루는 초등수학에서는 사용하지 않는다. 숫자의 세계에서는 '소인수분해'가 사용되며, 문자의 세계에서 드디어 '인수분해'가 수학의 중심에 등장한다. 인수분해는 문자 수학 세상의 '구구단'이다. 인수분해가 정확히 무엇인지 모르고 머리 아픈 인수분해 공식만 달달 외워서는 문자 수학 세상인 고등수학에서는 단 한 발짝도 앞으로 나아갈 수 없다. 인수분해를 못하면 방정식도, 함수도, 극한도, 미적분도, 심지어 기하 문제도 풀 수 없다. 인수분해는 '고등수학의 어머니'다. 인수분해에서 구멍이 나면 고등수학은 그냥 끝이라고 봐도 과언이 아니다. 인수분해를 배우기 전에 이런 이야기를 반드시 짚고 넘어가야 한다.

Step 4 이해한 공식과 개념을 자신의 말로 정리해본다.

설명을 들을 때는 알 것 같은데 막상 문제를 풀려고 하면 잘 모르겠다고 하는 아이들이 많다. 이는 듣기는 했으나 소화를 하지 못했다는 뜻이다. 예를 들어 인수분해를 배웠다면 '인수분해가 뭔지 설명해볼래?'라고 질문해 '자신의 말'로 개념을 풀어보는 과정을 반드시 거쳐야 한다. 이런 단계를 거치게 되면 아이에게 인수분해는 더 이상 꼴도 보기 싫은 단원이 아니라 머릿속에 장기 기억으로 남아 고등수학의 가장 든든한 아군이 될 것이다.

선행의 최종 목적과 가장 큰 효능은 ‘문제풀이 최적화’이다.
제대로 된 선행을 하면 문제를 풀 수 있는 도구를 다양하게 사용할 수 있다.
그래서 정석을 초등 5학년 때 시작하든 6학년 때 시작하든
중학교 3학년 때 시작하든, 그 시기는 전혀 중요하지 않다.

2장

수포자 70%, 아이들은 죄가 없다

대치 1등급 엄마들은 무조건 아이 편이다

공부 잘하는 아이들의 엄마에게 아이 공부를 어떻게 시키는지 물어보면 '무조건 선행이다', '학원에만 맡기지 말고 엄마가 끼고 관리해야 한다', '성적은 타고난 머리가 좌우한다' 등 여러 가지 이야기가 나온다. 그런데 한 가지 공통적인 이야기가 있다. '아이 멘탈을 관리하라'는 조언이다.

초등 고학년만 되면 아이의 멘탈은 당장의 성적을 좌우하는 커다란 변수가 된다. 사춘기 멘탈을 못 잡아서 머리 좋았던 아이가 고등학교까지 성적 한번 올려보지 못하고, 심지어 어긋난 방황으로 부모 속을 썩일 뿐만 아니라 본인 인생도 망가졌다는 사례는 우리 주변에 무수히 많다.

아이가 흔들림 없이 공부에 집중하기 위해서는 안정된 정서가 기본이고, 그 기반에는 엄마와 아이의 유대감이 존재한다. 문제는 그 유대감을 어떻게 길러야 할지가 애매하다는 점이다. 아이와 하루 종일 놀기만 할 수도 없고, 친구처럼 지내자니 부모로서의 권위도 중요하다.

유대감이 좋다는 것은 엄마와 아이 사이에 대화가 존재한다는 뜻이다. '나는 아이와 스스럼없이 대화하는 엄마'라는 자부심이 있다면, 가슴에 손을 얹고 되돌아보자. 하루 종일 아이와 나누는 얘기 중에 잔소리 말고 아이의 마음을 들어주는 대화가 얼마나 되는지 말이다. 엄마는 충분히 이야기한다고 하는데, 그 대부분은 엄마 혼자 이야기다. 그건 그냥 잔소리일 뿐 대화가 아니다.

그러나 현재 아이가 무엇을 하고 있는지, 그것을 어떤 상태로 하고 있는지, 어떤 마음으로 하고 있는지에 대해 아이와 솔직한 대화를 하는 것은 반드시 필요하다. 학원에 보낸다고, 족집게 과외 선생을 붙인다고 해서 다가 아니다.

아이와 유대감 강화하는 대화법

요즘 엄마들은 과거의 엄마들과 다르게 "그랬구나"라고 말하며 아이 마음을 읽어주려 하지만, 이상하게도 공부에서만큼은 무조건 아이 탓을 한다. 학원의 논리에 세뇌를 당해서인지, 남 탓을 하면 당당하지 못하다고 생각하는 건지 아이가 학원 수업을 잘 따라가지 못하거나 성적이 나오지 않으면 "너 수업 시간에 딴짓 하니? 혹시 핸드폰 봤어? 졸았니?"라면서 아이에게서 그 원인을 찾는다. 자연히 아이는 엄마에게 현재 상황을 솔직히 말하지 못하고 잔소리를 안 들으려고 얼버무리게 된다.

아이와 유대감 있는 관계를 만들기 위해서는 아이에게 '우리 엄마는 무조건 내 편'이라는 확신이 있어야 한다. 엄마는 '무슨 얘기를 해도, 무슨 일이 있어도 우리 아이가 정답이다'라는 마음으로 접근해야 한다. 그래야 아이는 어떤 주제로든 엄마에게 이야기를 꺼낼 수 있고, 솔직하게 말할 수 있다.

아이가 만약 "오늘 수업 반 정도도 이해 못한 것 같아요. 너무 어려워"라고 했다고 해보자. "뭐라고? 못 알아들었다는 게 말이 되니?"라고 흥분하는 대신, "지금 네가 그 수업을 이해하지 못했어도 그건 네 탓이 아니야"라고 전폭적으로 아이의 편을 들어줘야 한다.

학습에 있어서만큼은 문제의 초점을 아이가 아닌 학원이나 선생님에 맞춰야 한다는 뜻이다. 로그를 배워 온 아이가 어깨가 축 처져 있다면, "선생님이 잘못 가르치셨나 보네. 네가 로그를 이해 못했다면 선생님이 설명을 잘 못하신 거야"라고 말해줘야 한다. (물론 모든 책임을 선생님과 학원에 돌리라는 의미가 아니다. 아이 편을 적극적으로 들어줘야 한다는 점을 강조하기 위해 쓴 표현이다.)

아이가 수업 시간에 이해가 안 되는 것이 있고, 열심히 했는데도 성적이 잘 안 나온다면 아이를 타박하는 대신 학원에 문의하는 것도 좋다. 이렇게 반응해줘야 아이는 부모에게 무엇이든 솔직하게 털어놓을 수 있다.

엄마가 뭐든 가르치려는 선생님이자 잘했고 못했고를 가르는 재판관이 되는 순간, 아이에게 엄마는 사라지고 선생님만 남는다. 평가를 받아야 하는 '부담스러운 존재'에게는 입을 열지 않는다. 뭔가 물어도 단답형으로 답하거나 아예 못 들은 척 입을 다무는 일도 부지기수다. 이런 상황에서 아이가 현재 공부를 어떻게 하고 있는지, 겉핥기가 아니라 배운 것을 제대로 소화시키고 있는지 아는 것은 불가능하고, 엄청난 사교육비를 투자하고서도 불안해 전전긍긍하며 아이만 잡게 된다.

이런 마인드가 단순히 유대관계만을 위해 필요한 것은 아니다. 나는 정말로 아이가 수업 시간에 배운 내용을 제대로 소화시키지 못한다면 그건 아이 탓이 아니라고 믿는다. 선생님이 아이를 잘 이해하도록 설명하지 못한 탓이다. 다른 아이보다 수학머리가 떨어진다고? 선생님이라면 설사 아이의 IQ가 80이라고 해도 그 수준 안에서 이해할 수 있도록 설명해야 한다. 바로 그것이 좋은 선생의 역할이고, 아이가 사교육을 하는 이유다.

아이의 머리가 나쁜 게 문제라면 선천적으로 높은 IQ로 태어나는 수밖에 없고, 그렇지 못했다면 학원을 다닐 필요도 없어진다. “남들은 다 하는데 왜 너만 그러니? 네가 공부를 안 하니까 그렇지”라고 아이를 타박하는 순간, 아이는 학원의 들러리로 전락한다. 아이가 힘차게 달려나가고, 엄마가 뒤에서 살짝 받쳐주는 모습이 가장 바람직하다. 그렇게만 된다면 아이의 공부 여정은 100퍼센트 성공한다. 엄마가 앞에서 끌고 아이가 질질 끌려가고 있는 것은 아닌지, 지금 당장 점검해봐야 하는 이유다.

수학은 기세다

"선생님, 저는 수학 시험만 보면 막 떨려요. 손에 쥔 샤프가 막 흔들려서 샤프심이 날아갈 지경이에요."

"저희 아이는 수학 시험을 보는데 갑자기 머리가 너무 아파서 시험 문제를 제대로 못 읽었다고 하더라고요."

이상하게 수학 시험만 보면 긴장하고 아픈 아이들이 있다. 긴장하고 갑자기 아픈 바람에 시험 성적이 실력만큼, 기대만큼 안 나왔다고 호소한다. 그러면 학부모들은 아이가 잘할 수 있는데 이런저런 사정 때문에 '실수'한 거라고, 원래 자기 실력보다 낮게 나온 것이니 만일 실수만 하지 않았다면(사실은 거의 불가능하지만) 더 높은 점수나 등급이 나왔을 것이라고 믿는다.

"우리 애는 원래 1등급 실력인데 꼭 시험만 보면 얼토당토않은 실수를 해서 2등급이 나와요."라는 거다.

그러나 이런 상황은 그냥 한마디로 '아이의 수학 실력이 실수를 포함한 딱 그 점수 정도'라고 봐야 한다. 실수 때문에 성적이 실력보다 더 낮게 나온 것이 아니라 실수를 포함한 성적이 바로 아이의 현재 수준이라는 의미다. 다른 아이들도 이런 저런 실수를 한다. 그런 것들을 다 포함하여 등급이 산출되는 것이다. 왜 하필 우리 아이만 실수 때문에 실력 발휘를 제대로 못했다고 자위하는가?

실수는 탄탄한 실력이 있으면 반드시 막을 수 있다. 실수를 처음부터 절대 안 하게 만들겠다는 실현 불가능한 목표를 이야기하는 것이 아니다. 실수를 하더라도 그것을 잡아내야 한다는 것이다. 그게 진짜 실력이다.

실수는 연습으로 잡는 게 아니다

아이 실력과 시험 성적이 다르게 나오는 경우는 실제로 많다. 시험에 대한 중압감을 떨치고 실전을 잘 보는 아이들은 '멘탈이 좋은' 아이들이다. 시험장에만 가면 연산 실수를 하는가?

이건 연산을 못해서가 아니다. 자꾸 연산 실수를 한다고 연산 문제만 빼곡히 나열된 연산 문제집을 던져주며 정해진 시간 안에 몇백 문제를 억지로 풀게 하면, 실수가 줄어드는 게 아니라 연산 트라우마가 심해지는 결과를 낳는다. 연산 문제를 폭탄 퍼붓듯 던져주는 '연산 폭격'으로는 실전 시험에서 연산 실수를 줄일 수 없다. '이번에는 절대로 실수하지 말아야지'라는 초조함에 더 떨리게 된다. 더 많은 걱정이 엄습한다. 이번에 또 실수를 하게 되면 더 많은 연산 문제를 풀어야 한다는 공포 때문이다.

사실 중고등학생들의 연산 실수는 대체로 멘탈 때문에 발생하는데, 이렇게 불안감 때문에 잔뜩 주눅이 든 아이들은 연산을 평안한 마음으로 여유 있게 대할 수 없게 된다. 따라서 연산 실수를 잡으려면 역설적이게도 오히려 연산을 틀려도 괜찮다는 마음가짐을 갖게 해야 한다. 더 큰 걸 얻으려면 손에 쥔 걸 버려야 할 때도 있다.

연산 실수에 대한 욕심도 마찬가지다. 버리면 극복된다. 문제풀이 과정에서 $3\times3=6$이라고 하는 아이들도 있다. 풀이 과정에서 문자 b를 숫자 6으로 잘못 적어 완전히 다른 오답을 내기도 한다. 뭔가에 홀린 듯 '실수'를 연발한다. 이 아이에게 그렇다고 구구단 문제집을 던져주는 게 무슨 의미가 있겠는가?

또 문제를 잘 읽고, 풀 때는 문자와 숫자를 잘 구별해야 한다고 아무리 지적한들, 실전 시험에서 다시 똑같은 실수는 얼마든지 나올 수 있다. 문자 b와 숫자 6을 구별해서 100번씩 쓰게 하면 이런 실수가 안 나올까? 당연히 말도 안 된다.

이런 실수들은 연습한다고 당장 없앨 수 있는 것이 아니다. 이런 실수는 실력이나 연습이 부족해서가 아니라 멘탈이나 정서, 집중력 부족 등 정신적·심리적 인자에서 비롯되는 것이기에 연산 폭격이나 '100번 쓰기' 같은 단세포적인 대응으로는 절대 극복할 수 없다.

따라서 이런 실수를 했을 때 나머지 모든 풀이 과정이 맞았다면 괜찮다고 해줘야 한다. 문제를 제대로 파악하고 제대로 풀이 과정을 세웠다면 계산 실수 같은 건 흔쾌히 이해해줘도 괜찮다. 계산기도 아닌데, 실수는 누구나 할 수 있다며 아이 편에서 진심으로 위로해줘야 한다. 실수를 저지른 아이에게 화가 나기도 하겠지만, 그 실수를 저지른 당사자인 아이는 얼마나 속상하겠는가? 얼마나 자신을 자책하겠는가? 그런 아이를 다시 책망한다면 연산 트라우마가 생길 수밖에 없다. 등을 토닥이며 진심으로 위로해줘라. 다음에 또 틀리더라도 그렇게 해줘야 한다.

연산 때문에 스트레스를 주면 더 많이 잃게 된다. 연산 실수를 막고 싶다면 연산 연습을 시키는 게 아니라 '검산'을 시켜야 한다. 연산 실수를 탓하지 말고, 검산을 안 하거나 소홀히 한 것을 지적해야 한다. 연산 실수는 검산으로 다 잡힌다. 연산 실수 하나도 안 해야 한다고 생각하는 게 잘못이다. 아무 문제 없는 아이를 바보로 만드는 것이기도 하다. 아이는 기계가 아니다. 사람은 누구나 실수할 수 있다. 왜 아이에게만 무오류의 계산기가 될 것을 강요하는가?

문제 푸는 시간을 단축해 검산에 필요한 시간을 확보하고 검산을 철저히 하게 하면 연산 실수는 모두 잡을 수 있다. 연산 실수나 문제를 잘못 읽는 어이없는 실수를 완전히 없애버리겠다는 것은 헛된 꿈이다. 실수는 당연히 할 수 있지만 그 실수를 검산으로 잡아내겠다는 현실적인 대응으로 접근해야 한다. 실력이 쌓이면 문제풀이 시간이 줄어들고, 그러면 검산 시간이 확보되고, 실수는 줄어들 수밖에 없다는 마인드를 가져야 한다.

수학 공부의 시작은 자신감이다

다음으로 더 중요한 멘탈에 대한 이야기다. 네 칸으로 이루어진 수학 기차가 있다. 첫 칸은 기관차로, 엔진이 있다. 나머지는 객차다. 이 기차를 움직이는 건 당연히 맨 앞의 기관차다. 기관차를 분리하면 객차들은 앞으로 나갈 수가 없다. 네 칸이 잘 맞물려 신나게 달려야만 시행착오 없이 수학을 정복하고, 바라는 만큼 수학 성적을 얻고, 가고 싶은 학교에 진학할 수 있다고 가정하자.

실력, 자신감, 연습, 성적 이렇게 네 항목을 각각의 기차 칸에 대입한다고 할 때 수학 기차가 잘 달리게 하려면 어떤 항목이 기관차가 되어야 하며, 어떤 항목이 그 뒤를 따라와야 할까?

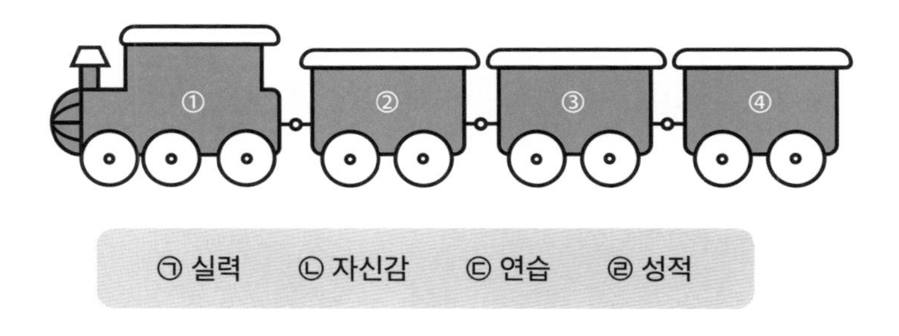

종종 간담회나 설명회 자리에서 이 퀴즈를 내보면 대부분 맨 앞 기관차에 '연습'을 넣고, 그 뒤 객차에 '실력-점수-자신감'의 순서로 답을 한다. 왜 그렇게 배치했는지를 물어보면 "수학은 무조건 문제를 많이 풀고 연습을 많이 하는 게 우선이니

'연습'이 맨 앞에 와야 하고, 그에 따라 '실력'이 올라가면 좋은 '성적'을 받게 되며, 결국 '자신감'이 올라갈 것이기 때문"이라고 대답한다.

어떤가? 설득력이 있는가? 수학을 암기과목이라고 주장하는 사람들은 이 순서가 나름대로 설득력이 있다고 생각할 수도 있다. 특히 수학은 무조건 문제를 많이 풀어야 한다고 철석같이 믿는 학부모와 선생님들은 그렇게 생각할 것이다.

그러나 이 순서로는 절대로 수학 기차가 잘 달릴 수도, 신나게 나아갈 수도 없다. 만약 수학 기차를 잘 달리게 만들어주는 엔진에 해당하는 기관차가 '연습'이라면, 그 연습을 할 수 있도록 이끌어주는 에너지는 어디서 얻을 수 있는가? 연습은 그냥 이루어지는가? 연습만이 살 길이라고 아무리 다그쳐봤자 하고 싶어야 할 수 있는 법이다. 수학 기차는 연습에서 비실비실 겨우 움직이다가 멈춰버릴 가능성이 99%다. 닥치고 연습, 무작정 연습이 아무 탈 없이 계속 잘 진행될 리 만무하다.

때문에 우리의 수학 기차가 계속 잘 달리게 하려면 맨 앞 기관차에 반드시 '자신감'이라는 덕목이 와야 한다. '자신감'이 앞서야 하고 싶은 마음이 생기고, '자신감'이 충만해야 에너지가 계속 충전된다.

네 칸 수학 기차의 순서는 그림과 같이 '자신감 → 연습 → 실력 → 점수'다. 자신감을 장착한 상태에서 충만한 에너지로 연습을 꾸준히 하면 실력이 올라가고, 점수로 승부가 난다는 뜻이다.

이 수학 기차 순서대로 공부를 해보면 왜 자신감이 제일 먼저인지 뼈에 사무치게 깨닫게 된다. 그런데 어떤 선생님도 자신감을 말하지 않는다. 연습을 하라고 한다. 공부 습관을 잘 들이라고 한다. 그러나 수학은 누가 뭐라고 해도 자신감이다.

자신감을 강조하다 보면 이렇게 말하는 사람이 있다.

"수학을 잘 모르는데 어떻게 자신감이 생기나요?"

'근자감'이라는 말을 아는가? '근거 없는 자신감'이다. 수학 공부에는 이런 근자감이 필요하다. 머리에 쏙 들어오는 명쾌한 설명을 듣고 개념을 이해하기 시작하면, 수학 문제를 많이 풀지는 않았는데 왠지 막 풀릴 것 같은 기분이 든다. 뭔가 될 것 같고, 잘할 수 있을 것 같고, 의욕이 마구 생긴다. 그렇게 자신감이 충만한 상태에서 문제에 도전하면 설령 도중에 막히더라도 쉽게 포기하지 않게 된다. 명쾌한 설명을 듣고 '아! 그렇지!' 하고 깨달아 문제를 풀어내는 순간, 수학 공부의 길이 뻥 뚫린다. 자신감이 어마어마하게 증폭된다. 그때 아이에게 너무 높지도 낮지도 않은 적당한 난이도의 문제를 주면 그리 어렵지 않게 문제를 풀어낸다.

잘한다고 칭찬해주면 아이는 어깨가 으쓱한다. 그리고 바로 이어서 조금 더 수준이 높은 문제를 준다. 그러면 보통 한두 문제 틀리는데, 그때는 자신감을 불어넣어주기 위해 이렇게 말해준다.

"네가 틀린 문제는 사실 중3 수준이야. 중3들도 많이 틀렸어. 네가 이 문제를 맞히면 중3 수준인 거지."

그러면 한두 문제 틀리더라도 자신감이 꺾이지 않고 문제를 풀어간다. 그리고 마침내 그 단원을 정복해낼 수 있다.

헛자신감이 아니라 진짜 자신감

그런데 자신감에는 헛자신감과 진짜 자신감이 있다. 누가 봐도 안 되는데, 문제가 풀릴 것 같지 않은데 영혼 없이 "넌 잘할 수 있어"라는 말만 반복하면 아무 의미가 없다.

수학을 잘하는 법에 대해 많은 선생님들이 "열심히 공부하면, 문제를 많이 풀면 잘할 수 있다"라고만 말한다. 절대로 그렇지 않다. 공부를 많이 시키고 문제를 죽도록 풀게 하는 게 아니라, 공부할 마음이 스스로 생겨나도록 이끌고, 문제를 외우지 않고도 잘 풀어낼 수 있도록 진짜 이해를 하게 만들어줘야 한다.

이때 공부할 마음이란 시험 점수를 잘 받기 위한 마음이 아니라 수학적 호기심을 불러일으키는 마음이다. 예를 들어 분수가 얼마나 오랫동안 인류의 생존을 책임져온 엄청난 수학적 발견이자 개념인지를 알면, 분수 문제만 1,000개씩 풀도록 강요받는 초등학생들의 마음에 수학적 호기심이 솟아나지 않겠는가? 이유도 모른 채 인수분해 공식을 외우면서 짜증내는 아이들에게 '인수분해란 수학이라는 학문의 아름다움을 상징하는 것이며, 수학자들의 수천 년간의 고민이 압축적으로 담겨 있는 개념'이라는 이야기를 하면 아이들의 공부 마음이 달라지지 않겠는가?

헛자신감이 아니라 수학 공부를 재미있게 할 수 있도록 이끌며 문제를 즐겁게 풀어낼 수 있도록 만드는 '진짜 자신감'을 채워줘야 한다.

우리나라 학생 가운데 70~80퍼센트가 수학 포기자라고 한다. 자신감이 있으면 포기하지 않는다. 자신감이 있는데 왜 포기를 하겠는가? 그러니 수학 공부를 하기 전에 꼭 마음에 새겨야 한다. 자신감이 먼저고, 자신감이 생기면 스스로 연습하게 되며, 연습할수록 실력이 늘고, 실력이 늘면 당연히 점수가 높아진다!

무조건 수학을 좋아해야 한다

수학을 잘하고 싶은가? 수학을 잘하게 만들고 싶은가? 그렇다면 반드시 수학을 좋아해야 하고, 좋아하게 해야 한다. 좋아하고, 좋아하게 만드는 것이 잘하게 만드는 가장 확실하고도 강력한 비법이다.

수학이 그냥 싫은데 어떻게 좋아하냐고? 그럼 하나만 묻자. 수학이 태어날 때부터 싫었을까? 당연히 태어날 때부터 수학이 싫었던 아이는 없었을 것이다. 어느 학년, 어느 순간에선가 수학이 싫어진 계기가 있었을 것이다. 한번 수학이 싫어지기 시작하면 아이들에게 수학은 절대 정복할 수 없는 난공불락의 요새가 된다. 아무리 많은 문제를 풀고 아무리 오랫동안 책상 앞에 앉아 있어도 수학이 싫은 아이에게 수학은 자기 인생의 발목을 잡는 철천지원수일 뿐이다.

수포자의 늪에서 빠져나오고 수학을 잘할 수 있는 비법은 하나밖에 없다. 바로 수학을 좋아하게 만드는 것이다. 수학을 좋아하게 만들지 않고 수학을 잘하게 만들 수 있을까? 수학을 잘하는 아이들 중 수학을 싫어하는 아이들을 봤는가? 수학을 좋아한다는 토대 위에서 수학을 잘할 수는 있지만, 수학을 싫어하면서 수학을 잘하는 것은 절대로 불가능하다. 좋아하게 만들면 수학을 잘하게 된다.

수학을 좋아하게 만들 수 있는 법

그렇다면 어떻게 수학을 좋아하게 할까? 아이들에게 수학이 싫은 이유를 물어보니 대략 다음과 같은 항목들이 추려졌다.

1. 수학은 따분하고 재미없는 과목이라 수학이 싫다.

→ 그렇다면 수학을 재미있게 설명하고 가르치면 된다.

2. 이해가 잘 안 돼서 싫어졌다.

→ 그렇다면 머리에 쏙쏙 들어오게 이해를 잘 시켜주면 된다.

3. 연산이 싫어서 수학이 싫어졌다.

→ 그렇다면 연산보다는 개념을 정확하게 이해하는 것으로 무게중심을 옮기면 된다.

4. 수학은 실제 사회에 나오면 대부분 쓸모가 없으니까 괜히 배운다는 생각에 수학이 더 싫어진다.

→ 그렇다면 수학이 실제 생활에 왜 필요한지, 만일 수학을 놓치면 삶에 어떤 불이익이 닥칠지 실제 사례를 통해 설명함으로써 수학이 인생에서 엄청나게 필요한 과목임을 깨닫게 만들어주면 된다.

5. 아무리 해도 안 돼서 싫다.

→ 방법이 잘못됐는데 아무리 해도 안 되는 건 당연하다. 방향이 틀렸는데 열심히 그 방향으로 노력해서 걷는다고 해서 목적지를 찾을 수 있겠는가? 기존의 비효율적이고 어리석은 방법을 획기적이고 효율적으로 바꾸면 된다.

이처럼 수학을 싫어하게 된 이유와 사연은 다양하지만, 그 이유들을 반대로 뒤집어보면 수학을 좋아하게 만드는 비법이 된다.

명심하자. 수학을 잘하면 좋아하게 되는 것이 아니라, 수학을 좋아하면 잘하게 되는 것이다. 앞뒤가 바뀌면 안 된다. 수학을 잘하게 하는 방법은 아주 단순하게도, 우선 수학을 좋아하게 만드는 것이다.

좋은 선생님은 아이를 춤추게 한다

"괴로워도 풀고 힘들어도 풀어라."

이런 우격다짐 풀이와 강요된 노력의 결과는 허무하다. 내가 입시 및 내신에서 독보적 성과를 내온 것은 한결같이 '아이들이 수학을 좋아하게 만들고 철저하고 완벽하게 이해하도록 한다'는 것을 목표로 했기 때문이다. 자기주도 학습법을 포함해 모든 공부법은 결국 이해의 바탕 위에 쌓아 올릴 수 있는 종속변수일 뿐이다.

어떤 학원에서는 '무슨 수를 써서라도' '무조건' 성적을 올려준다고 광고한다. 수학 교육에서 이런 호언은 십중팔구 유형 암기를 위한 반복적인 물량 공세와 기계적 주입이라는 무리수를 쓴다는 말과 다름없다. 그러나 그러면 아이는 양에 치이고 수학 자체의 무게에 짓눌려 부정적인 결과를 초래하기 쉽다. 처음에는 잠깐 오르는 듯했던 수학 성적은 다시 내리막길을 걷고, 마침내 수학에서 도망가고만 싶은 지경에 이른다.

수학을 포함하여 어떤 과목이든 무조건 성적을 올릴 수 있는 수단은 없다. 수학을 좋아하게 만드는 '감정의 변화'를 이끌어내는 것이 성적 향상의 시작이다. 성적을 올리기 위해서는 마법 같은 방법이나 해병대식 우격다짐이 아니라 수학 공부 자체를 좋아하는 것이 우선이다.

그리고 수학을 좋아하게 하려면 첫째, 학교든 학원이든 가르치는 선생님이 좋아야 한다. 선생님이 싫으면 설명이 귀에 안 들어오고 그 과목도 싫다. 학창 시절을 되돌아보면 이건 누구나 공감할 것이다. 아이를 가르치는 선생님이라면 친절하고 자상해야 하며, 어떤 질문도 받아줄 수 있는 포용력을 지니고, 화도 내지 말아야 한다. 아이들의 수준에 눈높이를 맞추고, 이해하기 힘들어하면 무안하게 하지 말아야 하며, 자존감이 떨어지지 않도록 배려해야 하고, 아이의 속도에 맞춰 기다리고 현명하게 이끌어야 한다.

다시 강조하지만, 인성과 실력을 겸비한 선생님에게 배우는 것은 너무나 중요하다. 특히 '선택권이 있는' 사교육에서

'실력이 좋다는 소문'에 눈이 멀어 인성 부분을 소홀히 하지 말기 바란다. 자기 주도 학습을 할 수 있게 하기 위해서도 선생님이 좋아야 한다.

초5가 정석 시작의 적기?

수학 사교육이라고 하면 대부분 '선행'을 떠올린다. 대치동 학부모들 사이에서는 '초5가 정석 시작의 적기'라는 말이 정설처럼 떠도는 실정이다. 최소한 3년쯤 앞선 선행을 하지 않으면 안절부절못하고 발을 동동 구른다. 어떤 학원에서는 3년 선행이 가능한 아이들, 2년 선행, 1년 선행이 가능한 아이들을 사전 테스트를 통해 가려 받기도 한다. 유명 학원에 들어가기 위해 과외를 하는 경우도 상당하다.

물론 3년 이상은 과하다며 1년이나 2년 선행이 적당하다는 절충론도 있고, '선행 절대로 하지 마라'는 극단적인 주장도 만만치 않게 힘이 세다.

이처럼 선행에 대한 다양한 주장 사이에서 아이들과 학부모들은 혼란스러워하며 '동네 분위기'에 따라 선행 학원을 무의미하게 왔다 갔다 한다. 도대체 선행은 해야 하는가, 말아야 하는가? 한다면 얼마나 앞선 선행을 해야 하는가? 선행 공부는 어떻게 해야 하는가?

선행 없이 고등수학 정복은 불가능하다

먼저 '선행하지 마라'는 주장에 대해 생각해보자. 우리의 교육과정은 아이들의 발달 과정에 따라 가장 과학적으로 설계된 것이니 무리해서 선행을 시킬 필요가 전혀 없다는 논리다. 학교 진도에 맞춘 '현행 학습'만 제대로 되면 무리 없이 입시에서 좋은 성적을 낼 수 있다는 말인가?

그러나 이건 "사교육 없이 교과서만 공부해서 수능 만점 받았어요."라는 허무한 주장만큼이나 무책임한 말이다. 고등학교에 올라가면 한 학기에 그 학기의 교육과정을 모두 이해하고 시험을 볼 수 있는 실전 준비까지 끝내는 것은 불가능하다. 고등수학은 그 정도로 양도 많고 깊이도 깊다. 고등수학 교과서에 있는 기본 개념을 한 학기에 모두 이해하고, 문제를 능수능

란하게 풀 수 있을 정도로 연습을 하고, 실력 혹은 심화 문제까지 다 끝내는 건, 단언컨대 불가능하다.

고등수학은 한 학기에 그 학기의 모든 것을 소화하고 완성할 수 없다. 이것이 팩트다. 그래서 준비를 해야 한다. 그것이 선행이다. 선행은 쉽게 말하면 예습이다. 초등학교 때부터 어느 선생님이나 '예습'과 복습을 강조한다. 왜 예습은 권장하고 선행은 부정하는가? 예습이 얼마나 빠르면 선행이고 얼마나 조금이면 예습인가? 그런 기준이 있기는 한가?

아이들과 학부모를 혼란시키는 이런 오해는 바로 '엉터리 선행' 때문이다. 제대로 된 선행은 완벽한 예습이고, 공부에 엄청난 도움이 되는 훌륭한 행위다.

예습을 어느 정도까지 앞서서 해야 하는지는 정답이 없다. 말 그대로 케이스바이케이스다. 아이들마다 처해 있는 상황, 바라는 목표가 다르고 그에 따라 각각 설계가 달라지기 때문이다. 다만 예습 자체를 문제 삼을 이유는 전혀 없다는 말이다. 많이 한들 적게 한들, 아이의 상황에 맞는다면 뭐가 문제겠는가?

예습이 잘 돼 있는 아이가 당연히 학교 수업을 쉽게 듣는다. 당연한 얘기다. 오늘 학교에서 이차함수를 배운다고 해보자. 이차함수에 대해 충분히 예습한 아이가 이 수업에 집중할 수 있겠는가, 그날 처음으로 이차함수를 접하는 아이가 수업에 집중할 수 있겠는가? 당연히 예습이 잘 돼 있는 아이, 오늘 배울 공부에 대해 일정 부분 이상 파악된 아이만이 그 수업에 100퍼센트 참여하고 200퍼센트의 집중력을 발휘할 수 있다. 이런 아이들은 선생님이 어떤 질문을 해도 어려워하지 않고, 칠판 앞에 나와서 풀어보라고 해도 전혀 꺼리지 않는다. 오히려 이런 아이들이 선생님의 설명을 하나도 놓치지 않는다.

미리 공부하면 새롭지 않으니 그 수업 시간이 재미없어지고 다 아는 걸 들으려니 수업 참여도가 떨어진다는 주장도 있다. 그러나 이것 역시 말도 안 된다. 수학은 많이 알수록 수업에 잘 참여할 수 있고, 훨씬 집중력이 생긴다. 모를수록 겉돌고, 수업에 참여하기 싫고, 빨리 도망가고 싶어지기만 한다.

만약 학원에 다니며 선행하는 아이들이 수업이 시시하다고 한다면 그건 그 수업을 주관하는 선생님의 책임이다. 수업이 따분하고 재미없다는 얘기에 다름 아니기 때문이다. 문제를 푸는 방식을 보여주는 수업만 계속하는데, 학생들이 재미있을 리가 만무하다. 왜 이걸 공부해야 하는지 이유 하나 설명하지 않고, 문제만 판서하는 식의 수업을 하는 선생님들이 문제다. 이런 주장은 재미없고 따분한 수업의 책임을 예습이 충실히 되어 있는 아이 탓으로 돌리는 것이나 마찬가지다.

중요한 건 '제대로 된 선행'이다

나는 선행 예찬론자가 아니다. 선행 필요론자일 뿐이다. 선행은 예찬할 필요가 없다. 선행은 아이에 맞춰서 필요에 따라, 상황에 맞춰 진행돼야 한다. 그리고 반드시 이해하고 깨달아 완전히 자기 것으로 만들면서 진행돼야 한다. 이 전제가 무너지면 선행은 아무런 도움이 안 된다. 선행의 진가는 완벽한 이해가 함께할 때 발휘되며, 수학을 정복할 수 있는 핵심적인 무기가 된다.

그리고 뒤에 자세히 설명하겠지만, 선행의 최종 목적과 가장 큰 효능은 '문제풀이 최적화'이다. 제대로 된 선행을 하면 문제를 풀 수 있는 도구를 다양하게 사용할 수 있다. 그래서 정석을 초등 5학년 때 시작하든 6학년 때 시작하든 중학교 3학년 때 시작하든, 그 시기는 전혀 중요하지 않다. 내 아이가 중학교 3학년인데 아직 정석을 시작하지 못했다고 기죽을 필요도 없고, 초등학교 4학년 때 정석을 시작했다고 으쓱할 필요도 없다는 뜻이다.

선행을 망설이는 학부모에게 나는 이렇게 묻는다. '아는 것이 힘'인 아이로 키울 것인가, '모르는 것이 약'인 아이로 키울 것인가?

수학 허세가 수포자를 만든다

공부에도 허세가 있고 허영이 있다. 이 공부 허세는 광범위하게 만연해 있고, 아이들을 망치는, 특히 수학 공부를 망치는 주범 중의 주범이다. 아이의 어깨 위에, 엄마의 머릿속에 이 공부 허영이 있다면 반드시 벗어던져야 한다.

너도나도 옆구리에 '실력 정석'을 끼고 다닌다. '기본 정석'도 아닌 '실력 정석'을 말이다. 그런데 이 아이들에게 '기본 정석'에 있는 기본 문제를 아무 페이지나 펼쳐 풀어보라고 하면 못 푼다. 연습 문제에는 손도 못 대는 경우가 부지기수다. 이렇게 엉터리로 공부한 아이들이 온통 허영에 사로잡혀서 '기본 정석' 한 번 봤으니 당연히 '실력 정석'을 봐야 한다고 생각한다.

그러나 이 허영을 버리지 않고는 수학을 정복할 수 없다. '기본 정석'을 한 번 봤지만 그 개념이 완벽히 정리되지 않고 머릿속에 확실히 들어오지 않았다면 다시 '기본 정석'을 볼 줄 알아야 한다. 부끄러운 것도 아니고 잘못된 것도 아니다. 그런데 지금 우리나라 대부분의 학생들이 자기도 모르는 사이에 이 공부의 허영에 사로잡혀 있다.

이런 허영의 대표적인 사례가 또 있다. 자신이 감당할 수 없는 학교에 들어가서 아이들 내신 '바닥을 깔아주는' 것도 공부 허영 때문이다.

공부의 허영은 생각보다 많고 널리 퍼져 있다. 일일이 다 이야기할 수는 없지만, '너 자신을 알라'는 말은 수학 공부에 있어서만큼은 진리다. 자신의 수준에 맞는 공부를 해야 실력이 올라간다. 감당할 수 없는 수준의 문제를 푸는 것은 수학 실력 향상에 조금도 도움이 되지 않는다.

허세의 거품을 걷어내라

허세는 실속이 전혀 없는 허망한 과시다. 기본서를 들고 다니는 것을 창피해하며 턱도 없는 실력으로 심화나 실력 문제집을 뒤적거리는 모습, 기본도 아직 제대로 다져지지 않았는데 심화나 실력 문제집을 들이미는 모습 모두가 허세다.

한 학기 만에 참고서와 문제집을 깊은 이해 없이 대여섯 권씩 풀어대는 물량 허세, 본인에게 버거운 수준의 교재를 논리적으로 접근해서 차근차근 풀어내는 것이 아니라 통째로 외우면서 마치 완벽히 이해한 것처럼 포장하는 허세, 기본 테스트에서도 오답이 나오는데 굳이 심화 수준의 공부를 해야 한다며 떼쓰는 자기기만의 허세 등 공부의 허세는 의외로 많은 아이들에게 보이는 모습이다.

이렇게 허세가 개입되기 시작하면 제대로 된 수학 공부는 불가능하다. 자신의 수준과 능력을 인지한 상태에서 차근차근 레벨 업을 해야 하는데 그놈의 허세 때문에 무리하게 뛰어오르며 헉헉대고 버거워하다 결국 포기하게 된다. 기본서의 기본 문제도 잘 못 푸는데 심화서의 연습 문제를 풀겠다고 하는 것은 허세 중에서도 가장 어리석은 허세다.

이제 공부에서 허세의 거품을 걷어내야 한다. 누가 무슨 참고서를 보는지, 누가 먼저 심화 문제집을 시작하는지가 중요한 것이 아니다. 그 교재를 완벽하게 이해하면서 나아가고 있는지, 제대로 개념을 파악하고 소화하며 확실히 풀 수 있는지를 점검하는 게 우선이다. 거품을 걷어내야 실체가 보인다.

경시대회 집착도 허세다

경시를 안 하면 낙오자가 된 것처럼 생각하는 경시반 집착도 마찬가지다. 굳이 필요 없는데 안 하면 안 될 것 같은 분위기에 휩쓸린다. 교과 수학은 허접하고 사고력 수학은 고급스러운 것 같다. 특히 경시는 더 멋진 문제라는 주장은 사기다. 까놓고 말해 학원만 배 불리는 일이다.

생각해보자. 보통 학원에서는 초5나 중등 초반에 경시반을 시작한다. 그러면 아이들이 경시 준비하느라 선행을 할 수가 없다. 중3이 끝날 무렵이 되어서야 정규반에 들어가 중3, 고1, 고2 과정을 끝낸다. 중등을 경시 준비하느라 다 보내고 고등수학을 급하게 훑은 다음 고등학교에 들어가니, 상위권 아이들은 거의 고등수학을 끝낸 상태다. 이렇게 경시 준비하다가 학교 내신을 망친 아이들이 너무 많다.

그래서 나는 절대로 경시 준비를 권하지 않는다. 꼭 하고 싶으면 고등수학을 다 끝낸 다음에 하라고 한다. 선행에 쫓기지 않아도 되기 때문이다. 경시 준비에서 언제 빠져나오더라도 고등수학이 다 돼 있으니 진도 걱정은 하지 않아도 된다.

경시 수학은 안 해도 아무 문제가 없다. 고등수학을 끝냈다는 건 미적분과 기하, 벡터가 다 끝났다는 뜻이고, 그건 가장 중요한 수학의 개념을 다 이해했다는 뜻이다. 경시 수학은 고등수학 개념을 머릿속에 집어넣은 후 융복합 문제를 다루다 보면 자연스럽게 해결된다.

선행은 진도만 나가면 된다?

대부분 선행은 깊이 파고들지 않아도 된다고 한다. 선행은 완벽하지 않은 게 당연하다고 생각한다. 살짝 건드려만 주고, 완벽히 이해할 필요는 없다는 것이다. 이미 2개 학년 이상 앞선 선행을 진행하다 보니 완벽할 수 없는 게 당연하며, 앞으로 또 할 시간이 있으니 그때 완벽하게 채우면 된다고 생각하는 것이 일반적이다.

나는 이것이 '묻지마 선행'이라고 생각한다. 선행은 현행이 아니니까 맘 편히 앞에 배울 부분을 미리 봐두는 거라는 어설픈 생각으로 하는 선행은 안 하느니만 못하다. 대충 선행하고, 대충 현행하고, 구멍이 숭숭 뚫리니 무지막지한 반복을 시키고, 아이들은 수학이 싫어지고, 그렇게 수포자가 된다. 이런 선행은 '수학 귀신'을 부르기 때문이다. 이 수학 귀신은 수포자로 아이들을 밀어넣는 가장 나쁜 원흉이다.

예를 들어 고등수학에서 아이들이 제일 어려워하는 부분 중 하나가 수열과 로그다. 이 부분을 선행에서 어설프게 만나면, 어떤 개념인지 제대로 이해하지 못하는 상태에서 시그마 기호와 로그 기호를 억지로 익힌다. 그러면 이 아이는 시그마 기호와 로그 기호만 보면 머리가 아파온다. 문제에서 이들 기호만 나오면 귀신을 본 것처럼 '어마뜨거라' 하고 도망가버린다. 그래서 나는 이를 '수학 귀신'이라 부른다.

이렇게 어떤 개념이나 원리를 제대로 이해하지 못하고 넘어가고 다음에 그 부분을 만나면 오히려 처음 마주한 아이보다 더 두려움에 사로잡히고 더 도망치고 싶어진다. 이런 공포를 갖게 만드는 것이 바로 수학 귀신이다.

삼각함수든 수열이든 로그든 처음 배울 때 제대로 이해하고 넘어가면 수학 귀신 같은 말도 안 되는 허상을 볼 필요도 없고 만날 일도 없다. 수학 귀신의 출몰은 개념이 안 잡힌 채로 선행, 현행, 후행을 의미 없이 반복하기 때문에 나타나는 엉터리 선행의 참담한 모습이다. 이 귀신은 삼각함수, 미적분, 기하, 벡터 등 수학의 모든 영역에서 나타난다.

만약 극한 단원에 나오는 리미트(lim) 개념이 제대로 이해되지 않은 상태에서 무작정 문제를 풀어대다 보면 문제의 수준이 올라 어려운 문제를 만나면 아예 포기해버리게 된다. 이렇게 리미트 기호를 볼 때마다 리미트 귀신을 만나게 된다면 그 폐해는 실로 심각하다. 그 뒤로 리미트가 등장하는 모든 과정과 문제를, 그 기호를 보자마자 그냥 포기하게 되기 때문이다.

특히 미분의 가장 중요한 개념인 '도함수의 정의'는 극한의 기반 위에 세워지는 미적분의 가장 중요한 핵심 영역인데, 이미 리미트 귀신을 본 학생들은 리미트 기호가 끊임없이 등장하는 도함수의 정의 문제에는 손도 못 대보고 포기한다.

실체도 없고 존재하지도 않는데, 엉터리 선행으로 안 봐도 될 수학 귀신을 보고, 그 다음부터 그 과정을 처음보다 더 힘들게 만드는 허술한 선행은 절대로 하지 마라.

영혼 없는 선행 vs 문제풀이 최적화를 위한 선행

선행은 왜 하는가? 선행의 진짜 목적을 알아야 한다. 선행은 '진도를 나가기 위해' 하는 것이 아니라 '문제풀이 최적화를 위한 도구 모음'을 위해 하는 것이다. 다시 말해 "나 빠른 선행을 하고 있어!"라고 만족하기 위한 게 아니라 좋은 수학 성적, 즉 수능을 잘보기 위한 '도구'들을 모으기 위한 것이라는 사실을 명심해야 한다.

A라는 사람은 삽 한 자루가 있다. B라는 사람은 포크레인, 삽, 각종 드릴과 장비를 든든하게 갖추었다. 누가 집을 잘 지을 수 있을까? 당연히 B다. 삽 한 자루 가지고는 땅밖에 못 판다. 집뿐만 아니라 세상 모든 일이 그렇다. 연장이 많을수록, 도구가 많을수록 목표 달성이 쉽고 빨라진다.

수학도 마찬가지다. 미분, 적분, 벡터, 이차함수 등 수학의 다양한 도구를 가능한 한 많이 펼쳐놓고 자유자재로 꺼내 쓸 수 있는 것, 그것이 선행의 목적이다. 선행은 단순히 나중에 배울 과정을 빨리 당겨서 배우는 것이 목표가 되어서는 안 된다. 남들이 하니 그냥 따라 하는 선행, 확고한 목표의식 없이 대충 설렁설렁 하는 선행은 할 이유도, 가치도, 보람도 없다.

예를 들어 고등수학 개념을 모두 이해하고 자유자재로 쓸 수 있다면 중등수학은 너무나 쉬워진다. 중등수학에서 배우는 방정식을 사용하면 초등수학의 심화 문제는 쉽게 풀리는 것을 생각해보면 이 말이 이해가 될 것이다. 초등수학에서 심화라는 이름으로 나오는 △, ○, □를 만나 좌절할 필요가 없다. 그 자리에 x를 넣어 방정식으로 문제를 푸는 것이 후에 개념을 이해하는

데에도, 수학의 원리를 파악하는 데에도 훨씬 효과적이다.

복잡한 일상의 원리를, 추론을 통해 수식으로 단순화하는 과정이 바로 수학적 즐거움과 재미의 요체다. 수학 공식은 '왜 필요한지, 어디에 쓰는지도 모르고 억지로 외워야 하는 것'이 아니라 우리 일상이 돌아가는 원리와 우주의 이치를, 이런 과정을 통해 단순화한 아름다움 그 자체다. 수학자들은 바로 이런 즐거움에 빠진 사람들이다.

또 중학교 3학년 1학기 수학에서 아이들이 가장 힘들어하는 과정 중 하나가 이차함수의 그래프다. 중학교에서 수포자는 대부분 여기서 많이 발생한다. 함수에 대한 기본이 없어 일차함수부터 흔들리다가 이차함수에 와서 완전히 포기해버리는 경우도 있고, 함수에 대한 개념은 어느 정도 이해했지만 의외로 인수분해(완전제곱식)를 기반으로 하는 숫자와 문자의 혼합 연산 및 다항식 정리 등에서 어이없는 실수나 서투른 전개로 오답을 연발하다가 자신감이 추락하는 등 그 양상은 다양하다.

이때 잘못된 대응으로 아이들을 더 수포자의 늪에 빠지게 만드는 상황이 발생하곤 한다. 이차함수가 잘 안 된다며 무조건 이차함수 문제를 유형별로 죽도록 풀리는 것이다. 이런 방법으로는 이차함수를 정복할 수 없다.

숫자와 문자의 혼합 계산과 완전제곱식 등에 트라우마가

있어서 이차함수 문제의 정답률이 현저히 떨어질 때 내가 쓰는 방법이 있다. 이 방법을 쓰면 실로 엄청난 극적인 실수 개선 효과가 나타나고, 실전 시험에서도 정답률이 크게 올라간다.

바로 이차함수의 최대 최소 문제를 풀 때는 중3 교육과정 속에서 문제 해결을 하도록 하되, 검산에서 '미분'을 사용하는 것이다. 아주 짧은 시간에 훨씬 단축된 과정으로 정답을 확인하는 이 과정을 통해 이차함수의 최대 최소와 관련된 응용 문제 등에서 문자와 숫자의 혼합 계산에서 일어나는 실수를 거의 전부 잡아내고, 정답률이 극적으로 향상되며, 자신감은 더욱 충만해진다. 그리고 이차함수를 당당히 정복하게 된다.

중학생에게 미분을 가르치는 게 나쁘다고 주장하는 사람들도 있다. 난 이렇게 묻고 싶다. 그게 왜 나쁜가? 도둑질이라도 되는가? 미분을 사용하지 않고 풀어야 진짜 수학 실력이라는 법이라도 있는가? 나는 문제를 풀 때는 중학수학을 사용하고, 검산할 때 미분을 사용하면 정답률이 획기적으로 높아진다는 이야기를 하고 있을 뿐이다. 내 20년간의 경험이 그것을 증명한다.

그럴듯한 이상론만으로는 우리가 처한 현실의 실제 문제를 해결할 수 없듯, 수학 교육에서도 허울뿐인 이상적 이론보다 직접 아이들의 피부에 와 닿는 생생한 현실적 대안이 아이들을 바꾼다. 수학을 좋아하게 만든다.

선행의 효과가 폭발적으로 나타나게 하려면 이런 관점에서 접근해야 한다. 그러면 수학이 재밌어지고, 어려운 문제가 나와도 위축되지 않고, 자신이 가지고 있는 모든 도구를 사용해 반드시 해결해내려고 하는 도전욕구가 솟을 뿐 아니라 처음 마주하는 새로운 문제 유형에도 위축되지 않는 진정한 수학적 자신감이 충만하게 된다. 이것이 선행의 가장 값진 효과다.

기하 따로, 대수 따로?

수학은 이미 배운 내용이 앞으로 배울 내용의 밑거름이자 기본이 되는 철저한 계통학문이다. '문자와 식'이 '다항식'으로 발전되어 '인수분해'로 연결되고, '일차함수'와 '이차함수'의 바탕 위에 '극한'이 연결되어 '미분', '적분'으로 진행되며, '점과 좌표', '도형의 방정식'이 '기하'와 '벡터'로 승화된다. 그렇기에 앞에서 배운 내용의 원리와 개념에 대한 완벽한 이해와 철저한 다지기가 되어 있지 않으면 선행은 사상누각이 될 수밖에 없다. 내가 "완벽한 후행만이 제대로 된 선행을 가능하게 한다"고 주장하는 이유다.

그런데 사교육 시장에서 중학교 과정을 빠르고 편리하게

끝낼 수 있는 도구로 계통수학을 많이 사용한다. 예를 들어 대수와 기하를 분리시켜서 1학년 1학기, 2학년 1학기, 3학년 1학기 과정을 몰아서 가르치고, 다시 1학년 2학기, 2학년 2학기, 3학년 2학기 과정을 가르치는 식이다. 아주 효율적인 방법으로 보인다. 그런데 이런 방법은 예기치 못한 큰 부작용이 있다.

대수와 기하를 분리하는 순간 수학은 끝

계통학문인 수학을 계통적으로 가르친다는데 뭐가 문제냐고? 그렇게 하면 아무도 의도하지 않았지만, 아이들 머릿속에 대수와 기하가 분리되어 들어간다. 문제를 보면 '이건 대수인가, 기하인가?' 반사적으로 나눈다. 이처럼 대수와 기하를 나누게 되는 순간, 아이의 수학 인생은 힘들어진다.

이유는 간단하다. 우리의 최종 목표는 중학수학이 아니라 고등수학인데, 고등수학에서는 대수와 기하를 분리해서 배울 수 없기 때문이다. 기하와 대수가 서로 어울리며 실마리를 주고받으며 풀어내야 하는 경우가 다반사다.

그런데 "나는 대수는 잘 되는데 기하가 안 돼." "나는 기하가 참 쉽고 재밌어. 그런데 대수가 안 돼." 이런 말도 안 되는 이야기가 나오는 건 이런 잘못된 '학기 끊어치기' 공부법 때문이다.

기하를 이용하면 대수의 답을 아주 빨리 구할 수 있는 경우가 의외로 많다. 역으로 대수는 기하 문제를 잘 풀어낼 수 있는 기본 역량이 된다. 대수와 기하는 수학의 한 몸이며, 편의상 나눠놓은 것일 뿐이다. 소위 융복합 문제, 하이브리드형 문제, 통섭 문제는 기하와 대수가 어우러져 실마리를 찾아야 풀리는 문제를 '멋있게' 표현한 말에 불과하다.

예를 들어 대수 영역인 1학기 부분을 진행한다고 해보자. 대수 부분만 하는 데 몇 개월 걸린다. 그러면 기하는 다 까먹는다. 겨우 대수를 끝내고 기하 영역인 2학기 부분을 나가는 동안, 대수는 머릿속에서 잊힌다. 분리해서 공부하기 때문이다.

원래 교과과정이 1-1, 1-2, 2-1, 2-2, 3-1, 3-2 순서로 되어 있는 건 이유가 있다. 그 순서대로 공부해야 대수와 기하가 머릿속에서 분리되지 않기 때문이다. 잠깐 분리되더라도 바로 다시 그 과정으로 돌아오기 때문에 망각으로 인한 손실이 크지 않다. 게다가 대수와 기하를 번갈아 배우면 대수에 기하를 응용하고 기하에 대수를 응용하는 하이브리드적 사고력, 즉 융복합 사고능력이 극대화될 수 있다.

이런 장점을 다 무시하고, 아이들에게 하나도 이익이 없는 계통수학 학습법을 중등 과정에서만 권장하는 이유는 뭘까? 가르치는 선생이 편하기 때문이다. 기하를 싫어하거나 기하가 잘 안 되는 선생은 대수만 뽑아서 가르치면 편하다. 기하는 다른 데서 배우라고 하면 되니까. 심지어 기하 전문 학원도 있다. 말도 안 되는 이런 사교육 풍토가 지금 우리나라 수학 교육의 현주소다.

다시 한 번 강조하지만, 기하와 대수는 한 몸이다. 계통수학 학습법은 아이들에게 큰 도움이 되지 않으며, 오히려 어릴 때부터 대수와 기하를 분리해서 생각하고 접근하는 잘못된 습관이나 태도를 갖게 만드는 부작용이 훨씬 클 수 있음을 명심해야 한다.

예를 들어 피타고라스 정리 부분에서 삼각형의 변의 길이를 구하는 문제를 생각해보자. 실전 문제에서는 숫자로 간단히 주어지는 단순 피타고라스 문제가 아니라, 변의 길이가 문자나 다항식으로 주어진다. 이 문제를 풀려면 인수분해와 완전제곱식을 활용해야 한다. 그게 어디가 기하인가? 겉은 피타고라스 정리지만 풀이는 인수분해, 곱셈정리, 완전제곱식 등이 중심인 '대수'다.

공부의 마지막은 융합과 통섭

또 진도 나갈 때는 계통수학 학습법으로 하면 안 되지만 진도를 다 훑고 나서 마지막으로 리뷰할 때는 기하끼리, 대수끼리 공부하면 좋다는 그럴듯한 주장도 있다. 그러나 그건 더 나쁘다. 중학교 3년치 수학 진도를 다 나간 후에는 3년 전 과정을 아우르는, 기하와 대수가 골고루 섞여 있는 융복합형 문제를 풀어야 한다. 개념 진도를 끝내고 나면 단원별로 추려진 응용 문제나 심화 문제가 아니라 융복합 문제를 풀면서 전체 개념을 머릿속으로 훑는 방식의 복습이 필요하다.

누구나 배우고 나면 어느 정도 잊어버릴 수밖에 없다. 특히 대충 훑어본 것, 오래전에 본 것은 더 그렇다. 따라서 이 '망각'을 이겨내고 전체 과정을 자꾸 떠올려보는 것이 중요하다. 이것을 '인출효과'라고 부르는데, 각 개념을 따로 복습하는 것이 아니라 여러 개념이 어우러진 문제를 풀면 망각의 시스템을 극복할 수 있다는 뜻이다. 머릿속에 융합과 통섭의 개념이 잘 자리잡혀야 응용력, 다시 말해 수학적 사고력이 는다. 어떤 경우에도 대수와 기하를 떼어내 공부하라는 말은 들을 필요가 없다.

1등급, 수학 만점. 누구나 꿈꾸는 것이다. 이를 위해서는 융복합 사고력과 통섭적 응용 능력을 장착해야 한다. 이런 능력은 기하와 대수를 나누어 공부해서는 절대로 얻을 수 없다. 기하와 대수는 원래 하나의 수학이었고, 진입 각도와 표현 방법만 다를 뿐이다. 기하를 대수적으로 접근하고 대수를 기하적으로 접근할 수 있을 때 수학 만점은 더 이상 꿈이 아닌 현실이 될 것이다.

"수학 공부, 안녕하십니까?"

수학을 못 잡으면 '성적으로' 원하는 대학에 들어갈 방법은 요원하다. 늦었다고 할 때가 가장 빠른 때라고 했다. 지금 당장 자신의 수준과 상태를 점검하고, 길을 잘못 들은 것 같다면 올바른 길로 들어서야 한다. 지금까지 내가 상담해온 수많은 사례들 중 가장 많은 질문과 답변을 소개한다.

Q "선행, 내신 대비, 문제풀이 수업을 따로 받으면서 엄청난 양의 문제를 푸는데 수학 성적이 안 올라요."

→ 수학은 완벽하고 철저한 이해의 탄탄한 토대 위에 문제풀이 연습을 쌓아야 합니다. 어설픈 이해 위에 무조건 '많은 양의' 문제풀이만 해대는 것은 사상누각이나 마찬가지입니다.

Q "이해는 했다고 생각하는데, 문제가 잘 안 풀려요."

→ 선생님이 칠판 가득 써준 풀이 방법을 그대로 눈으로 따라가며 살짝 기억한 것을 다 이해했다고 착각하는 것입니다. 만일 완벽히 이해했다면 쉽게 풀 수 있어야 합니다.

Q "수학 성적이 어느 땐 좋았다가 어느 땐 나쁘고 들쭉날쭉해요."

→ 이 경우는 수학 학습의 과정 중 어떤 이유로든 구멍이 많이 나 있는 상태입니다. 운 좋게 구멍을 피해 문제가 나오면 성적이 올라가고, 구멍 부분에서 출제되

면 손을 못 대고 성적이 떨어지는 것입니다. 만일 실력이 확고하다면 절대로 성적이 들쭉날쭉할 수 없습니다.

Q “영어, 국어에 비해 수학이 유난히 성적이 안 나와요.”

→ 이런 학생들은 노력이 부족한 경우는 거의 없습니다. 노력에 비해 성적이 안 나오는 것이므로 반드시 수학 공부의 방법을 완전히 바꿔야 합니다.

Q “지금까지 공부해온 단원들 중 모르는 부분이 있는데 어떤 방법으로도 명쾌히 해결되지 않아서 답답하고 불안해요.”

→ 특히 중등 고학년과 고등수학은 아무리 설명을 듣고 문제를 풀어도 이해가 잘 되지 않는 부분이 존재할 수밖에 없을 정도로 어려워집니다. 그 부분을 그냥 넘겨서는 그 부분이 그대로 구멍이 되고 맙니다. 이런 경우는 혼자서는 해결하기 어렵습니다. 좋은 선생님을 만나 어떻게든 해결하고 넘어가야 합니다.

Q “수학 학원에 가는 것을 싫어해요.”

→ 일단 가기 싫어지게 되면 억지로 보내도 절대로 수학 실력이 늘지 않습니다. 선생님이 문제인지, 진도가 문제인지, 아니면 다른 이유가 있는지 점검해보고 빠르게 대책을 찾아야 합니다.

Q “학년이 올라갈수록 점점 더 수학에 자신감을 잃고 수학을 멀리 하려고 해요.”

→ 학년이 올라갈수록 수학은 점점 어려워집니다. 그에 비례해 공부 시간이 늘어야 하고, 그렇게 공부 시간을 늘리며 성취도를 올리기 위해서는 자신감을 잃으면 절대로 안 됩니다. 수학 공부를 더 하게 만드는 유일한 동기는 자신감입니다. 자신감이 꺾이면 수학 정복은 불가능해집니다. 어떤 단원의 어떤 개념도 명쾌하고 재미있고 간결하게 설명해주는 수학 선생님을 찾아야 합니다. 명심하세요. ‘어려운 학원’이 아니라 ‘개념을 확실하게 전달해주는’ 선생님을 찾아야 합니다.

PART
2

‘반드시 일으켜세우는’ 초집중몰입수학법

미로 찾기를 생각해보자. 꼬불꼬불 길을 따라가면
물론 목적지에 도착은 할 수 있지만 복잡하고 오래 걸린다.
이렇게 가는 방법 말고 한 번에 지름길로 갈 수는 없을까?
수학 문제풀이가 바로 그렇다. 어떤 수학 문제도 다 지름길이 있다.
수학은 정답이 하나지만 풀이 과정은 아주 다양할 수 있다.
그래서 흥미롭고 매혹적인 과목이기도 하다.

3장

집중과 몰입이 만들어내는 수학의 기적

양치기 수업 6년, 수학 성적은 제자리인 이유

수학 공부 필패, 수포자를 만드는 대표적인 주범이 바로 '양치기'다. '양치기'가 뭐냐고? '문제 폭격'의 다른 말이다. 여기에서는 대치동 엄마라면 다 아는 '양치기로 수학 잡는다'는 말이 얼마나 허황된 말인지 알아보자.

제발 '너 문제집 몇 권 풀었어?' '너 무슨 문제집 몇 번 풀었어?'라고 묻지 마라. 공부가 양으로 해결되는가? 특히 수학이? 수학은 영어나 국어와는 성격이 다른 과목이다. 이걸 명심해야 한다. 꿈에서도 잊으면 안 된다. 수학, 과학은 이해를 해야 한다. 양으로 승부하는 과목이 아니다. 문제를 많이 풀고 설명을 많이 한다고 해서 아이들이 이해하는 것은 아니다. '몇 권 풀었나'나 '몇 번 풀었나'가 기준이 되어서는 안 된다. 한 권을 하더라도 '제대로 했는지'가 중요한 포커스다.

수업 시간에는 A라는 문제집을 풀고, 숙제는 B로 하고, 주말에는 C로 공부하는 학원도 있다. 그렇게 어마어마한 양으로 '양치기'를 시키는 것이다. 예를 들어 A라는 문제집을 선택해서 다 풀었는데 그중에 모르는 게 많다고 해보자. 그런데 또 다른 문제집을 풀고, 그 문제집도 완성하지 못하고 학원을 바꾸고, 그 학원에서는 또 다른 문제집을 주는 식이다.

충심으로 조언하고 싶다. 양에 대한 집착을 버려야 한다. 그래야 자기 것이 되고 수학이 정복된다.

선행을 몇 번이나 했냐는 질문도 흔하다. 선행은 한 번으로 안 끝난다. 한 번에 끝내는 학원은 없다. 기본-응용(실력)-심화 식으로 최소 세 번씩 반복한다. 점점 난이도를 높여서 진도를 나가는 게 보통이다. 대치동에서는 보통 다섯 번에서 일곱 번 한다.

또 정석 한 권을 방학 5주 동안 끝내준다는 광고에 혹해서 방학 특강은 특히 부르는 게 값이라고 할 정도로 인산인해다. 특강은 선생님이 일방적으로 진행한다. 인강이랑 똑같다. 질문도 못 한다. 한정된 시간에 진도를 빨리 빼야 하기 때문에 질문 받을 시간이 없다. 아이들은 잘 이해가 안 돼도 넘어간다. 수학 사교육비만 1년이면 천만 원이 훌쩍 넘어가는데 아이의 수학 실력은 구멍이 숭숭 뚫려 있다.

아이를 공부 좀 시켜야겠다고 마음먹는 순간 대부분의 학부모는 학원을 찾기 시작한다. 전교 1등이 다닌다는 학원, 스스로 문제를 풀게 해 엉덩이 힘을 길러준다는 학원, 꼼꼼한 커리큘럼으로 구멍이 없다는 학원 등 입소문이 난 학원을 찾아 상담을 하고 돈을 내고 아이를 등록시킨다.

그런데 도대체 왜, 잘 가르친다는 강사가 잘 가르친다는 학원을 고르고 골라 비싼 수강료를 내가며 6개월이고 1년이고 아이를 보내는데, 시간이 지나도 아이의 발전은 더디고, 아니 오히려 퇴보하는 것처럼 보이고, 학원은 점점 가기 싫어하고, '어쩌지?' 하는 사이에 급기야 수포자의 길로 접어드는 걸까?

답은 간단하다. 돈 들이고, 시간 들이고, 종종거리고 라이드하며 보낸 학원이 효과를 보지 못했기 때문이다. 그럼 그 학원이 맞지 않아서일까? 학습량이 더 많다는 학원을 보내면 나아질까? 혹시 교수법이 아이와 맞지 않는 걸까? 일타강사가 가르친다는 학원을 새벽부터 줄 서서 들여보내면 해결될까?

답은 '아니요'다.

사교육 열풍에도 수포자가 급증하는 이유

나는 입시수학을 가르치는 학원 원장이다. 모든 수학 학원을 대표해서 일단 사과부터 드린다. 누구든 수학을 가르치는 선생님이라면 지금 존재하는 수많은 수포자와 예비 수포자들에게 사과해야 한다. 물론 공교육도 책임이 없다고 할 수는 없지만, 사교육에 종사하는 사람들이 가장 앞장서서 사과와 반성을 해야 한다.

그 많은 아이들이, 그 많은 돈과 시간을 들여 학원에 다니면서 수학 공부를 해왔는데 왜 고3 학생의 70퍼센트 가까이가 수학을 포기하는지에 대해 심각히 자성해야 한다. 암기와 주입식 개념 설명, 영혼 없는 문제풀이만 강요하는 수업이 최선이라고 주장하는 학원들은 사과만으로는 부족하다. 사죄해야 한다.

우격다짐식 암기는 잠깐은 통할지 모른다. 그러나 장기적으로는 수학을 싫어하게 만들며 원리와 개념을 파악하지 못하게 할 뿐 아니라 제대로 된 논리적 문제해결의 싹을 잘라내 수포자를 양산할 수밖에 없는 접근이기에 그 책임은 더 무겁다. 잘못된 수학 교육으로 우리의 소중한 아이들의 미래를 암울하게 만든 책임을 어떻게 질 것인가?

현재 우리나라 수학에서 사교육은 필요악이다. 모두에게

즐거운 수학이라는 공교육의 선한 의도와 줄 세우기 입시가 불협화음처럼 어정쩡하게 만난 대한민국 수학 교육의 현실에서 조금이라도 일찍, 조금이라도 많이 학원에 보내 일찌감치 아이를 앞서게 하고 싶은 욕망과, 교육 방향을 잘못 잡은 사교육이 만나 대한민국의 수학을 점점 벼랑 끝으로 몰고 가고 있다.

그러나 사교육 없이 공교육만으로 수학 공부를 따라잡기란 특히 고학년으로 갈수록 점점 힘들어진다. 그렇다면, 기왕에 학원을 보내야 한다면 '현명한' 선택을 해서 아이의 수학 공부에 도움이 되는 곳을 골라야 할 것이다. 학원의 효과를 제대로 보기 위해서는 학부모가 학원에 대해 올바른 기준과 눈썰미를 가져야 한다. 어떤 곳을 고를지보다 더 중요한 것은 '반드시 피해야 할 학원'을 피하는 것이다.

숙제 많이 주는 학원 절대 보내지 마라

첫째, 숙제 많이 주는 학원은 보내지 마라. 이런 이야기를 하면 대부분의 학부모와 학생은 의아하게 생각할 것이다. 많은 학부모들이 아이가 학원에 다니면 당연히 숙제가 있어야 한다고 생각하고, 많은 숙제를 하면 본격적으로 공부를 하는 것 같고,

아이가 숙제를 많이 받아 오면 마음이 편하다. 숙제를 많이 받아 오면 공부를 하는 것 같기 때문이다.

그러나 숙제를 많이 받아 오는 것 자체는 공부가 아니다. 그 숙제를 완벽하게 해냈을 때 아이 실력에 보탬이 되는 것이지, 숙제의 양은 실력과는 아무런 관계가 없다. 숙제를 많이 한다고 실력이 는다면 수포자가 왜 있겠는가?

숙제가 많으면 아이는 압박감을 느낀다. 그 양만으로도 질려서 시작조차 하기 싫다. 하지만 숙제를 안 하면 학원에서 혼나고, 집으로도 연락이 와 엄마에게 잔소리를 듣는다. 어쩔 수 없이 억지로 대충, 혼나지 않을 정도로만 숙제를 한다. 그런데 아이가 학원을 한 곳만 다니는 건 아니다. 학원마다 잔뜩 숙제를 내주니, 허둥지둥 풀다가 실수하기 일쑤고 이동 시간에 차에서 음악을 들으면서 혹은 유튜브를 틀어놓고 하기도 한다.

이렇게 억지로 하는 숙제가 아이 실력에 도움이 될까? 아니다. 이런 숙제는 아이의 잠재된 수학적 호기심과 즐거움을 빼앗는 결과만 초래할 뿐이다. 그런데 아이가 집으로 가져오는 숙제와 채점된 프린트의 양으로 아이의 실력을 판단하는 오류가 너무 많다.

숙제는 학생의 실력 향상이 눈에 보이지 않을 때 학원이 내세우기 좋은 핑곗거리이기도 하다. 숙제를 안 하면 학원은 학부모에게 그것을 꼭 알린다. 이후 아이의 성적에 대한 '컴플레인'이 발생했을 때 '우리가 내준 숙제를 아이가 제대로 하지 않았기 때문이다'라고 아이 탓으로 돌릴 수 있기 때문이다. 학부모들은 불만이 있어도 학원에 당당하게 요구하지 못하고, 아이가 열심히 하지 않아서 그렇다는 자책 속에 학원에서 권유하는 대로 특강이나 보충반을 수강하면서 학원의 굴레에 빠져든다.

이제는 그 편견을 벗어나야 한다. 양은 중요하지 않다. 단 몇 문제라도 완벽하게 이해한 개념을 바탕으로 제대로 풀어야 실력에 보탬이 된다. 좋은 학원은 학원에서 모든 걸 다 해결하는 곳이다. 배운 것을 익히고, 자기 것으로 소화하는 연습까지 학원에서 이루어져야 한다. 그러면 숙제는 전혀 필요 없다.

만약 그래도 숙제를 꼭 해야 한다면, '제대로 된 숙제'를 해야 한다. 제대로 된 숙제는 어려운 문제가 아니라 아이의 능력과 수준에 맞는 맞춤형 숙제다. 같은 단원을 배우더라도 아이들이 어려워하는 부분은 다 다르다. 열 명의 학생이 한 반에 있는데 똑같은 양, 똑같은 문제, 똑같은 수준의 숙제를 내준다면 그곳은 내 아이를 위한 학원이 아니다. 숙제를 낼 때는 아이 수준에 맞춰, 아이에게 필요한 부분을, 감당할 수 있는 역량 안에서 즐겁게 할 수 있도록 해야 한다.

엉터리 선행이 수학 귀신을 부른다

선행에 대해서는 '기본만 해도 된다', '심화까지 해야 잊지 않는다', '진도를 너무 빨리 나가면 잊어버리니 한두 학기만 선행하는 게 좋다' 등 정말 각종 주장이 난무한다. 하지만 대부분 한 번으로는 부족하니 여러 권의 교재를 순차적으로 반복하며 부족한 부분을 채워야 한다는 것에는 이견이 없다.

실제 내가 만난 많은 학부모들도 비슷한 이야기를 했다. 선행 때 학기당 문제집을 최소 서너 권은 풀어야 현행 때 편하다느니, 처음 나갈 때는 기본을 하고 다음 단계 선행 때 그 전 단계 심화를 같이 돌리는 식이 낫다느니, 기본으로 고등수학까지 죽 훑었다가 다시 돌아와 심화로 죽 훑는다는 이야기 들이었다.

이런 '돌리기'는 수학 공부의 정설이 되다시피 했다. '돌리기' 선행은 처음에는 '기본서'나 '개념서' 등의 이름이 붙은 쉬운 문제집을 선정해 각 단원의 앞에 나온 설명을 간단히 배우고 난이도가 낮은 문제를 풀며 진도를 나간다. 그리고 미리 배운 내용을 잊어버리지 않기 위해 이전 학기의 응용 또는 심화 문제지를 푸는 식으로 2~3학기의 진도를 함께 나가면서 유형서, 준심화, 극심화 등 문제 난이도에 따라 적게는 3권에서 많게는 6권까지 반복시키는 것이다.

누구의 발상에서 시작된 것인지도 모르는 이 원칙 아닌 원칙 때문에 대치동에서는 한 학기 과정을 10회 이상 반복하는 과정도 생겨났다. 하지만 기본-응용(실력)-심화 이 3단계를 거쳐야 완성도가 높아진다는 생각은 착각이다. 이 말이 맞다면, 도대체 몇 번을 돌려야 수학이 완성될까?

기본-응용(실력)-심화 반복은 수학 필패 공식

선행을 할 때 나중에 배울 내용을 미리 한번 훑어본다는 생각으로 설렁하게, 혹은 완벽하지 않더라도 그 부분을 채우지 않고 지나치는 방식으로 공부하고 있다면 당장 학습법을 바꿔야 한다. 수학은 단 한 번에 모든 과정, 모든 단원, 모든 개념과 공식을 완벽하게 머릿속에 집어넣고 자기 것으로 만든 다음 완전히 체득할 수 있다는 자신감이 있을 때 선행을 시작해야 한다. '지금 배우는 건 아니니까' '앞에 배울 부분을 미리 좀 접해 보는 거지'라는 생각으로 선행에 진입하면 절대로 안 된다.

현행이 아니니 제대로 하지 않아도 된다고 생각해 설렁하게 공부하고, 그래서 어쩔 수 없이 시간과 돈, 에너지를 들여 반복을 해야 하고, 그러다 보면 다른 과목 공부에도 지장을 준다. 엉터리 선행을 시작하는 순간 악순환의 고리에 진입하는 셈이다. 그런데도 왜 처음부터 확실하게 할 생각을 하지 않고 제대로 안 해도 된다는 생각을 당연히 받아들이면서 선행을 하고 반복을 거듭하는 것일까? 이렇게 해서 얻어지는 것은 아무것도 없다.

엉터리로 진도를 나가니 제대로 이해가 되지 않고, 제대로 이해를 못하니 쉬운 문제도 어렵게 느낀다. 아이도, 선생님도 그 부분을 제대로 모른다는 사실을 알고 있지만 '다음에 다시 하면 돼'라는 생각으로 어물어물 넘겨버리면 아이의 마음속에는 '이 부분 어렵네'라는 생각이 남게 되고, 다음번 반복 때 그 단원을 다시 공부하면 어려웠던 단원이라는 생각 때문에 지레 공부가 괴롭고, 본격적으로 공부를 하기도 전에 부담을 느낀다.

수학은 처음에 완벽하게 이해하지 못하면 두 번째, 세 번째는 더 어렵고 무섭게 느껴진다. '기본-응용(실력)-심화-문제풀이'로 이어지는 여러 번의 반복으로 선행을 완성시킬 수 있다는 생각은 버려야 한다.

마중물이 없으면 펌프질을 할 수 없다

대부분 학원에서의 수학 수업은 선생님이 맨 처음 책에 나와 있는 설명을 그대로 읽어주고, 그다음 공식을 알려주고, 바로 유제와 기본 문제, 연습 문제를 풀리는 방식으로 진행된다. 그런데 아이는 진도를 나갈 때는 한 문제도 안 틀리고 좌르륵 풀어내는데, 한 학기, 아니 한 달 후에 문제를 내놓으면 언제 배웠냐는 듯 고개를 갸웃거린다.

아이가 멍한 표정을 지으면 학부모들은 '구멍이 났다'며 조급해한다. 진도를 나가는 학원과 함께 구멍 메우기를 위한 과외 혹은 새끼 학원을 찾아 다시 돌린다. 배운 내용을 장기 기억

장치에 넣을 수 있도록 여러 번 반복해야 한다는 것이다.

이렇게 서너 번을 돌리면 완벽해질까? 아니다. 다시 배우면 그때는 고개를 끄덕이지만 몇 달 뒤 확인하면 또다시 몇 달 전 망설였던 바로 그 문제 앞에서 막힌다. 아이가 문제를 풀지 못한다는 '증상' 앞에서 '아이가 제대로 배웠는데 시간이 흘러 잊어버렸다'고 잘못 진단을 내렸기 때문이다. 진단이 잘못됐으니 '반복'이라는 처방 역시 미봉책일 뿐이다.

설명을 듣는 그 순간에는 이해가 되는데 시간이 지나면 머릿속이 하얘지는 이유가 무엇일까? 아이가 수업을 열심히 듣지 않아서인가? 문제풀이 양이 너무 적어서? 머리가 나빠서?

정답은 기본 개념과 원리를 이해하지 못했기 때문이다. 적지 않은 선생님들이 책에 나와 있는 기본 원리를 앵무새처럼 읊은 뒤 문제풀이에 꼭 필요한 공식들을 암기시키고, 바로 다음에 나오는 기본 문제를 함께 푼 뒤 연습 문제를 풀게 한다. 아이가 문제를 잘 못 풀면 어느 부분을 이해하지 못해서 문제를 못 푸는지를 살피기보다는 문제풀이에 집중해 "이런 문제는 이렇게 풀어야 해"라며 유형별 대응법 익히기에 돌입한다.

이런 방식은 아무리 열심히 해도 수준이 급격히 높아지고 심화의 깊이가 차원이 달라지는 고등수학에서는 반드시 한계를 만날 수밖에 없다.

한 바가지의 마중물

산으로 비유해보자. 초등수학이 동네 언덕이나 야산이라고 하면, 중등수학은 설악산이나 한라산 등 해발 1,000미터 이상 되는 산이고, 고등수학은 에베레스트 산이다. 초등에서 중등, 고등까지 난이도가 한 단계씩 천천히 올라가는 게 아니라 급격히, 가파르게 높아진다. 때문에 문제를 많이 풀어서 이를 정복할 수 있다고 생각하는 것은 착각이다.

새로운 진도, 처음 접하는 단원 앞에서는 개념과 원리를 익히기 위해 반드시 '예비 도입'이 필요하다. 나는 이를 펌프질할 때 물을 끌어올리기 위해 필요한 '마중물'이라고 부른다. 이 마중물이 있어야 개념의 완벽한 이해가 가능하다.

예를 들어 고등학교 1학년 1학기 수(상)의 두 번째 단원이 인수분해다. 대부분 이 과정을 어떻게 지나가는가 하면, 중학교 때 인수분해를 배웠으니 도입 부분, 즉 중학교 때보다 깊어진 원리나 개념 설명을 건너뛴 채 추가된 공식과 이를 활용한 기본 문제만 짚고 넘어간다. 이후 본격적으로 유제와 문제풀이에 집중한다.

인수분해가 무엇인지, 수학에서 인수분해가 어떤 의미를 지니며 실생활에서는 어떻게 활용되는지 등에 대해서는 전혀 생각해보지도 않은 채 주구장창 공식을 외우고 문제풀이를 반복한다. 이런 시간이 쌓이다 보면 '내가 왜 똑같은 식을 이렇게 변환시키고 있는 거지? 뭐 때문에 이 짓을 끊임없이 하는 거야?'라는 딜레마에 빠지게 된다.

이런 현상은 이과적 상상력이나 호기심이 있는 아이들에게 특히 많이 일어난다. 아예 수학에 관심이 없는 아이들은 외우라면 외우라는 대로, 하라면 하라는 대로 한다. 하지만 수학에 호기심이 있고 소위 '이과 머리'를 지닌 아이들은 '왜 하는 거지? 이게 뭐지?'라는 생각으로 내적 갈등을 겪는다.

인수분해는 칠판에 새까맣게 인수분해 공식을 채우고 시작하면 절대로 안 된다. 그렇게 수업을 이끄는 순간 아이들에게 수학은 괴로움이고 고역이 된다. 처음 인수분해를 익힐 때 인수분해가 무슨 뜻인지, 인수분해가 수학에서 얼마나 중요하며 어떻게 쓰이는지, 인수분해를 잘하지 못할 경우 수학 공부에 어떤 문제가 생기는지, 인수분해를 잘하면 수학적으로 얼마나 우위를 선점할지, 우리 일상생활에서 어떤 경우에 인수분해의 원리를 사용하는지 등 책에는 전혀 나오지 않지만 수학에 대한 관심과 열정을 불러일으킬 수 있는 '한 바가지의 마중물'이 있어야 아이들은 인수분해를 제대로 이해하고 수학을 즐길 수 있다.

내가 사용하는 마중물 수업의 예를 하나만 더 들어보자. 대표적인 수학 귀신 중 하나인 로그 귀신을 못 만나게 하는 법이다.

오늘은 로그 첫 번째 수업 날이다. 보통 선생님들은 이렇게 수업을 시작한다.

$$\log_a b = c$$

이렇게 칠판에 딱 쓰고, "로그 a에 b는 c"라고 읽는 법을 가르쳐주고, '$a^c = b(a > 0,\ a \neq 1)$'를 쓴 다음 지수와 로그 변환 개념을 설명한다. 그다음 필수 예제를 몇 문제 공식대로 풀어주고, 변환 과정이 아이들의 머릿속에 들어오기 시작할 즈음 좀 더 복잡한 유형의 로그 문제들을 계속 풀게 한다.

이런 수업은 재앙이다. 이런 수업 방식으로는 아이들이 로그를 좋아할 수가 없다. 보기만 해도 머리가 아픈 꼬불꼬불 영어 지렁이로 보일 뿐이다. 개념도, 원리도 제대로 모르겠는데 어떻게 좋아지고 어떻게 잘하겠는가?

나는 로그 수업을 이렇게 진행한다. 어떤 공식도 칠판에 쓰지 않은 상태로, 로그라는 개념이 어떻게 탄생했는지, 로그의 원리가 무엇인지, 로그가 우리 일상생활에 얼마나 많이 사용되는지, 이 단원에서 로그의 어떤 면들을 깨우쳐야 하는지, 그랬을 때 우리에게 어떤 유익이 있는지, 지진의 진도가 로그값이라는 이야기, 그래서 진도6은 진도7보다 10분의 1의 강도이며 진도가 1 늘어날 때 힘의 크기는 10배씩 늘어난다는 이야기 등 우리 일상생활에 밀접한 이야기로 로그 개념을 풀어간다. 이게 마중물이다.

처음 접하는 개념을 나갈 때 마중물은 그 개념을 완전 정복하는 데 반드시 필요하다. 많이도 필요 없다. 한 바가지면 된다. 이 마중물이 있느냐 없느냐가 수학 귀신에 휘둘려 그 단원을 포기하느냐 마느냐를 결정한다고 해도 과언이 아니다.

즐거움이 노력과 몰입을 이끌게 하라

노력만으로 수학을 정복할 수 있다면 얼마나 간단할까? 그러나 수학은 절대로 노력만으로는 완성할 수 없다. 수학은 '양(노력)'보다 '질(알아가는 즐거움)'로 승부해야 한다. 수학이라는 학문의 정복 과정은 '즐거움을 알아가는 과정'에 다름 아니다. 수학은 참으로 재미있고 즐거운 학문이다. 오묘하고 흥미로운 수학 원리 탐구 및 깨달음의 과정에서 즐거움에 눈을 뜨면 수학 정복은 이미 끝난 일이다.

많은 양의 문제풀이가 무조건 나쁘다는 것이 아니다. 완벽한 개념 이해 없이, 그러니까 흥미와 재미를 느끼지 못한 상태에서 많은 문제를 들입다 풀어대는 것이 잘못되었다는 뜻이다.

정확한 개념 이해와 습득이 끝나고 심화된 핵심 원리까지 이해한 상태에서 문제풀이는 당연히 도움이 되지만, 어설픈 이해를 바탕으로 한 단순 암기식 유형 문제풀이와 오답 처리도 제대로 되지 않는 '양치기'는 수학의 '득'이 아니라 '독'일 뿐이다.

무조건, 어떻게 해서든, 무슨 수를 써서든 수학 성적을 올리려고 해서는 안 된다. 아이들이 싫어해도 무조건 문제를 많이 풀리면 수학 성적이 오른다고 믿는 학부모, 학원, 학생들은 지금부터라도 생각을 완전히 바꿔야 한다. 당연히 수학 공부에 노력은 필요하지만, 억지로 하는 노력이 아니라 즐거움이 이끄는 노력, 마음에서 우러나온 자기주도 의욕이 움직이는 진정한 노력만이 수학을 정복하게 해준다.

즐거움이 이끄는 노력, 몰입의 즐거움

6개월을 책상에 앉아 있었어도 정작 공부에 진정으로 몰입한 시간이 하루라면 공부는 단 하루만 한 것이다. 한 시간 동안 책상에 앉아 그 한 시간을 오롯이 공부에 집중 몰입했다면, 10시간을 공부한다고 앉아 있으면서도 이런저런 딴짓을 하느라 제대로 된 공부는 30분도 못한 학생보다 훨씬 훌륭하고 효율적인 공부를 한 것이다. 만일 그 정도 집중력으로 10시간을 제대로 수학에 몰입한다면 어떨까? 남들이 한 달, 두 달 공부한 성과를 하루 만에도 따라잡을 수 있지 않을까? 맞다. 그리고 바로 여기에서 수학의 기적이 일어난다.

헛공부란 글자 그대로 학교에서, 학원에서, 독서실에서 공부한다고 앉아는 있는데 딴짓과 잡념으로 그냥 시간만 보내는 한심한 공부를 말한다. 이렇게 헛공부를 하게 되면 공부한 성과도 없을 뿐 아니라 성적은 떨어지고 자신감마저 상실하게 되어 공부 의욕이 꺾여버린다. 이런 헛공부를 극복하기 위해 '집중과 몰입 능력'은 반드시 키워내고 발전시켜야 하는 능력이다. 이 능력은 의식적인 훈련과 연습으로 길러진다.

널리 알려진 것처럼 '집중과 몰입'은 어느 분야에서든 엄청난 성과를 반드시 이루어낸다. 공부에서든 일에서든 '극한의 집중과 몰입'은 불가능을 가능하게 만들며, 극적인 기적도 이루어낼 수 있다.

몰입은 스스로 빠져드는 것이다. 투입 시간 대비 성취 효율이 월등하다. 좋아서 몰입을 했든 시간에 쫓겨 어쩔 수 없이 집중을 했든 간에 일단 '집중과 몰입'이 실제로 이루어지면 그에 따른 성과는 상상 이상이다. "신이시여, 제가 정녕 이것을 이루어낸 것이 맞습니까?" 정도의 기막힌 기적은 아니더라도 엄청난 집중과 몰입으로 쉽게 이루지 못했던 목표를 이루어냈을 때의 성취감이란 경험해보지 못한 사람들은 감히 짐작조차 할 수 없는 극적인 희열이다.

재미있으면 몰입하게 된다. 누구나 그렇다. 대부분의 게임은 시작하는 순간부터 자기도 모르는 사이에 빠져들어 몰입하게 만든다. 그렇다면 수학도, 공부도 그렇게 재미있게 느낄 수 있도록 만들어주면 된다. 수포자는 '수호자(數好者, 수학을 좋아하는 사람)'가 되며 수학 완전정복은 꿈이 아니게 된다.

죽은 공부를 벗어나 제대로 된 왕도를 걸어가게 하려면 '집중과 몰입'이 최선이다. 그러나 집중과 몰입이 말처럼 쉽지는 않다. 공부 좀 하려고 하면 자꾸 다른 생각이 떠오르고 몰입에 방해를 받는다. 집중과 몰입은 한 세트다. 집중이 안 되는데 몰입이 될 턱이 없다. 몰입은 집중의 상태이고 결과다.

집중력이 선천적으로 좋은 아이들도 간혹 있긴 하지만 매우 드물다. 그것도 자신이 좋아하는 분야에서만 발휘되는 것이 보통이다. 게임을 좋아하는 아이들이 게임에만 엄청난 집중력을 보이는 것은, 원래 집중력이 좋은 아이가 게임에서도 집중력을 보이는 것이 아니라 게임만 좋아하기에 그것을 할 때만 집중이 되는 것이다. 게임할 때 집중력을 평소 집중력이라고 착각하면 안 된다.

그래서 앞에서도 말했지만 '선생님의 역할'이 너무나 중요하다. 선생님의 수업에서 집중하기 시작하면 시간 가는 줄 모르고 몰입하게 되고, 그러면 같은 시간 공부를 해도 학습 성과는 두 배 세 배가 된다. 재미있게 공부를 했으니 기억은 더 잘되고, 잡념이 없었으니 공부의 효율이 좋아질 것은 당연하다.

지금이라도 시간 허비와 노력 낭비를 초래하는 영혼 없는 공부를 뒤로하고, 제대로 된 '집중과 몰입'에 자신을 던져 놀라운 기적을 꼭 경험하기를 진심으로 바란다. 이런 관점에서 아이의 수학 공부를 바라보면 반드시 길이 보일 것이다.

제대로 된 후행은 수학 보고 웃게 만든다

집중과 몰입은 후행이 중요한 이유이기도 하다. 지금까지 배운 과정 중 아래 학년의 어떤 특정 단원을 얼마나 싫어하는지부터 분석해보라. 만약 함수에서 문제가 생겼다고 해보자. 함수가 무슨 말인지 아직도 모르겠다면, 함수에 대한 후행을 완벽하게 해야 한다. 함수에서 구멍이 생긴 아이가 그 구멍을 놔두고 미적분을 할 수는 없다. 더하기, 빼기가 안 되는 아이가 곱하기, 나누기, 방정식을 할 수 있을 리 만무한 이치다. 문제가 생긴 부분, 그 부분만 생각하면 가슴이 벌렁거리고 두려움과 걱정이 엄습하는 단원을 찾아 그 부분을 집중적으로 보완해서 완성시켜야 한다.

그런데 이때 물량폭탄을 던지는 식으로 후행을 하면 안 된다. 원래 후행은 재미가 없다. 인간은 본래 새로운 것을 탐험하고 배우는 데 뇌가 더 빨리 움직인다. 복습이 좋다는 것은 알지만 의외로 복습에 몰입하기란 쉽지 않다. 시작할 때부터 재미가 없다. 때문에 후행을 할 때는 '공부한다'는 개념으로 접근하면 절대로 안 된다. 구멍이 생긴 부분의 원리와 개념만 완벽하게 훑는다는 생각으로 빠른 시간 안에 끝내야 한다. 내가 후행할 때 마중물 수업에 더 공을 들이는 이유다.

후행은 그렇게 생각도 하기 싫던 지긋지긋한 수학에서 떠난 마음을 다시 돌아오게 만드는 과정이다. 수학에 재미를 붙인 다음에 하는 선행은 너무나 즐거운 과정이 되고, 이때 비로소 몰입이 일어난다. 훈련으로는 절대로 몰입이 일어나지 않는다. 좋아해야 몰입이 된다. 수학에 몰입할 수 있는 아이들은 수학을 좋아하는 아이들뿐이다. 수학을 좋아하지 않게 만들면서 수학을 잘하게 하겠다는 어떤 말도 거짓말이다.

망각을 없애려면 시간을 컨트롤하라

'고밀도 초집중몰입공부'가 필요한 이유는 바로 우리 뇌에 있는 '망각의 시스템' 때문이다. 망각을 극복하는 유일한 방법이 바로 '초집중몰입'이다.

그래서 우리 학원에서는 40~60시간 동안 중등수학 한 학기, 60~72시간 동안 고등수학 한 학기 과정을 완전히 끝내는 특별한 프로그램을 운영한다. 만일 제대로 된 초집중 몰입 스케줄로 진행한다면 대략 한 학기 과정을 1~2주 안에 마친다. 그래서 망각의 발생을 최소화한다. 똑같이 배웠더라도 배운 기간이 짧아질수록 망각은 훨씬 덜 발생한다.

생각해보라. 같은 60시간을 하루에 2시간씩 일주일에 두 번 공부한다면 15주(약 넉 달) 정도가 걸리는데, 두세 달 전에 배운 앞부분이 제대로 생각나겠는가? 고등수학은 같은 스케줄이라면 대략 6개월 정도 소요되는데, 중간에 내신 시험이라도 끼게 되면 더 늘어진다. 6~7개월 뒤에 과연 앞부분을 또렷이 기억해낼 수 있을까?

학생들에게 무언가를 가르쳐주고, 그것을 바로 물어보면 거의 다 정답을 말한다. 특히 20일이 지나기 전에 배운 것을 물어보면 배운 것이 별로 날아가지 않고 남아 있다. 망각이 일어나지 않았다는 뜻이다. 그런데 20일이 지나가면 잊어버리는 게 생겨난다.

인간의 뇌는 효율을 위해 중요하지 않은 정보는 시간이 지나면 날려버리기 때문이다. 이게 힌트다. 망각을 없애려면 시간을 컨트롤해야 한다. 보통 학원에서 진행하는 6개월 과정으로는 망각의 속도를 따라잡을 수가 없다. 6개월이 지난 후 6개월 전에 배운 걸 물어보면 기억하지 못하는 게 당연하다. 머리가 나빠서가 아니다.

그래서 수학(상)을 꼼꼼하게 보겠다고 6개월 동안 진행하는 것은 극단적으로 말해 바보짓이다. 꼼꼼함의 역설이다. 수학은 꼼꼼하게, 자세하게 할수록 기간은 더 길어지고, 기간이 길어지면 앞에 배운 부분은 다 잊어버린다.

수학 공부는 날줄과 씨줄로

내가 20일 동안 중등수학을, 30일 동안 고등수학 전체를 다 끝낸다고 하면 많은 사람들이 '거짓말하지 말라'고 한다. 그런데 이건 분명 가능하다. 왜냐면 수학은 '학습(學習)'이기 때문이다. 습학(習學)이 아니다. '학'은 '배우다', 즉 '이해'를 뜻하고 '습'은 익히다, 즉 '연습'을 뜻한다. 수학은 반드시 이 순서로 공부해야 한다. 모든 공부가 다 마찬가지겠지만 수학은 특히 그렇다. 개념과 원리를 제대로 이해하지 못하면 연습이나 복습 자체가 불가능하다. 철저하고 완벽히 이해한 후에야 복습과 연습이 가능하다.

'학(배움)'의 탄탄한 토대 없이 세우는 '습(연습)'은 사상누각이다. 바람 한 번에 쓰러진다. 아무리 유형 문제를 많이 풀고 참고서 몇 권을 끝내더라도 유형을 살짝 바꾸거나 심지어 숫자만 바꾸면 속수무책이다. 이해도 안 되는데 유형을 외우다 보면 수학은 점점 더 지겨워지고 싫어진다. 간혹 유형을 외우다가 원리를 거꾸로 깨닫는 경우가 있지만, 이는 주객전도다. 몇 배의 시간과 노력이 낭비된다.

그래서 초집중몰입수학은 철저하게 '개념' 중심으로 공부해야 한다. 그리고 바로 뒤이어 인출 효과를 위해 융복합 문제 풀이를 해야 한다. 빠르게 전 단원의 개념을 이해하고, 여러 개념이 섞여 있는 융복합 문제를 풀면 머릿속에 집어넣은 지 얼마 안 되는 개념들이 스캐닝된다. 개념이 완벽히 이해된 상태에서 융복합 문제를 풀면 그 기억은 영구기억이 된다. 시간이 지나도 잊어버릴 수가 없다.

이 완벽한 개념 이해를 위해서는 수학 공부를 '레이어드'로 하는 것이 필요하다. 수학 문제집을 앞장부터 한 장씩 풀어나가는 것이 아니라 기본 단계를 완벽하게 먼저 훑고, 그다음 응용 문제를 푸는 식으로 진도를 나가는 것이다.

그리고 각 단원별 심화 문제보다는 여러 개념이 섞여 있는 융복합 문제를 풀어야 한다. 망각을 없애기 위해서는 '날줄과 씨줄로' 공부하는 게 필요하기 때문이다. 수학은 아래와 위뿐만 아니라 횡으로도 연결시킬 수 있어야 한다. 이게 바로 수학적 창의성이다. 하이브리드 접근법이다. 나는 이를 '날씨수학'이라고 부른다.

예를 들어 날씨수학에서는 함수와 방정식을 함께 배운다. 함수와 방정식은 병렬로 연결된다. 함수가 방정식이 되고, 방정식이 함수를 이해하는 방식이 된다. 특히 방정식과 항등식, 부등식, 함수, 다항식의 다섯 개 단원은 횡으로 연결된다. 이처럼 수학이 수평적·수직적으로 동시에 연결될 때 수학적 재미와 창의성은 극대화될 수 있다.

지금 이 글을 읽는 독자들 모두 이런 소리 한 번쯤은 들어봤을 것이다.
동네 보습학원부터 소위 잘나가는 수학학원까지
수학을 가르친다는 선생님들이 입에 달고 다니는 소리다.
표현이 어떻든 그들의 핵심은 하나다.
'수학은 암기과목이나 마찬가지'라는 것이다.

4장

수학 1등급을 만들어내는 특급 전략

수학 정복의 최종 병기, 문제풀이 최적화

내가 항상 강조하는, 수학을 잘하기 위한 세 가지 핵심 포인트가 있다. 첫째, 암기 말고 이해로 접근하라. 둘째, 단원별 문제풀이가 아니라 융복합 문제풀이를 해야 한다. 셋째, 수학은 속도다.

이 속도는 선행을 말하는 게 아니다. 문제를 가능한 한 빨리 풀라는 뜻이다. 수학 문제를 빨리 푸는 게 얼마나 중요할까? 시간 제한 없이 대학 입시를 보는 나라는 없다. 당연히 내신도 시간 제한이 있다. 따라서 수학 문제를 풀 때는 시간이라는 것을 중요한 핵심 변수로 간주해야 한다. 그런데 왜 문제 푸는 것만 신경 쓰는가?

문제를 풀 수 있느냐 없느냐도 중요하지만, 그 문제를 얼마나 빨리 풀 수 있느냐가 더 중요하다. 진짜 수학 잘하는 아이들은 문제를 빨리 푸는 아이들이다. 나는 반도 못 풀었는데 시험지 내고 나가는 아이들이 있다. 내 시험지는 문제를 푸느라 시커먼데 그 아이들의 시험지는 새하얗고 별로 쓴 것도 없다. 그런데 다 맞는다. 수학을 진짜 잘하는 아이들은 풀이 과정이 아주 짧다. 그래서 빨리 푸는 것이다. 연산을 빨리 해서가 아니라, 문제풀이 과정을 단축시키는 능력이 있기 때문이다.

미로 찾기를 생각해보자. 꼬불꼬불 길을 따라가면 물론 목적지에 도착은 할 수 있지만 복잡하고 오래 걸린다. 이렇게 가는 방법 말고 한 번에 지름길로 갈 수는 없을까? 수학 문제풀이가 바로 그렇다. 어떤 수학 문제도 다 지름길이 있다. 수학은 정답이 하나지만 풀이 과정은 아주 다양할 수 있다. 그래서 흥미롭고 매혹적인 과목이기도 하다.

문제를 보고 '이거 내가 풀 수 있을까?'를 고민하면서 조바심 내는 아이와, 당연히 풀 수 있다는 전제로 '어떻게 풀어야 더 쉽고 빠르게 풀까?'를 고민하는 아이의 성적이 다른 것은 당연하다. 문제를 푸는 데 급급하면 수학 정복은 불가능하다.

수학을 못하는 아이들은 시험 문제지를 받고 바로 연필을 움직인다. 문제를 푸는 방법을 한 가지밖에 모르기 때문이다. 반면 수학을 잘하는 아이들은 문제를 한참 노려본다. 10초에서 30초쯤 '어떤 코스로 문제를 풀지'를 생각하는 것이다. 그리고 가장 빠르고 쉬운 방법을 선택해 풀이를 시작한다. 다른 아이들이 4분 걸리는 문제를 이 아이는 생각하는 시간을 포함해 1분이면 풀어낸다.

지금부터라도 수학 공부의 패러다임을 바꿔야 한다. 수학 공부는 답을 내는 것이 아니라 답을 찾는 과정을 익히는 것이다.

수학은 속도다

'문제풀이 최적화'는 수학 문제를 풀 때 이 문제를 풀 수 있는지 없는지를 고민하는 것이 아니라 '어떤 방법으로' 풀 것인지를 고민하는 문제풀이 접근법을 말한다. 비유하자면, 산의 정상을 올라가는데 A 코스로 갈 것인지 B 코스로 갈 것인지 아니면 케이블카를 타고 오를 것인지 등 정상을 공략하는 가장 효율적이고 쉬운 방법을 찾아내는 것이다.

정상에 오르는 길은 여러 가지다. 그중 어떤 코스를 선택해 어떻게 오르느냐에 따라 시간과 힘이 더 들기도 하고 덜 들기도 한다. 수학 문제를 풀 때도 풀이 방법을 고민하여 연구하고 선택해야 한다. 아무 생각 없이 미련스럽게 풀면 안 된다. 문제를 본격적으로 풀기 전에 더 간단하고 현명한 풀이 방법이 없는지 모색해야 한다. 그래야 문제를 풀 때 과정 자체를 줄여 풀이 시간을 현저히 단축시킬 수 있다.

모든 참고서나 문제집은 문제의 풀이를 제공하지만, 그게 최선의 방법이 아닌 경우도 많다. 정형화된 문제 해설을 넘어서는 창의적이고 효율적인 접근법을 찾는 것이 바로 문제풀이 최적화이다.

물수능도, 불수능도 두렵지 않다

수능 난이도는 매년 다르다. 어느 해는 너무 쉽다는 '물수능' 논란이, 어느 해는 너무 어렵다는 '불수능' 논란이 벌어지기 일쑤다.

물수능의 최대 변수는 실수의 유무다. 물수능에서 실수는 치명적이다. 아무리 수학을 잘해왔던 최상위권 학생이라도 연산 실수로 한두 문제 틀렸다면 3등급까지도 추락할 수 있는 난감한 상황에 처하기도 한다.

이렇게 실수가 곧 실패를 부르는 물수능에서는 '실수 제로 전략'이 가장 중요하다. 문제풀이 최적화는 풀이 과정 자체를 줄이기 때문에 실수가 개입할 여지가 적다. 또 풀이 과정 단축으로 시간이 줄어들기 때문에 검산 시간을 확보해준다. 때문에 문제풀이 최적화는 물수능을 대비하는 완벽하고도 유일한 방법이다.

반면 불수능은 난이도가 아주 높아 평균점이 크게 내려가는 수능을 말한다. 이때 어렵다는 기준은 '심화 4점짜리 문제'에서 가려지는데, 그중 3문제 정도의 고난도 문제가 최상위권과 상위권을 가른다.

대체 심화 4점짜리 문제가 어떤 문제들이기에 대부분의 아이들이 손도 못 대고 포기하는 걸까? 바로 융합·복합형 문제다. 융복합 문제는 창의성과 응용력이 크게 요구되는데, 이 능력은 기계적으로 유형을 암기하고 문제만 많이 풀어서는 생기지 않는다. 이차함수의 최대, 최소를 풀면서 평면기하의 원의 방정식을 이용하고, 수열을 풀면서 가우스를 이용하고, 도함수의 정의 문제를 풀면서 편미분을 사용하는 등 수학의 모든 영역을 날줄과 씨줄처럼 엮어서 자유자재로 넘나들 수 있어야 이런 문제들을 풀어낼 수 있다.

한 가지 더, 실수를 줄이는 데 문제풀이 최적화 훈련은 엄청난 효용을 가져다준다. A 방법으로 어떤 문제를 풀었다면, 검산은 B 방법으로 하는 것이다. 똑같은 방법으로 검산을 하면 같은 실수를 반복하기 쉽다. 실수는 다른 방법으로 문제를 풀 때 거의 100퍼센트 잡을 수 있다. 한 가지 문제를 다양한 방법으로 풀 수 있는 능력이 수학 완전 정복을 위한 핵심 포인트인 이유다.

고등수학 정복을 위한 초등수학 공부

종종 초등학생 학부모들은 '학원에서 보면 문제집 요점 정리만 하고 바로 문제를 푸는데 괜찮을까? 교과서를 먼저 공부해야 하는 거 아닌가?' 하는 걱정을 하기도 한다. 별로 믿는 것도 아니면서 "교과서 중심으로 공부했어요"라는 수능 만점자들의 인터뷰는 이렇게 학부모들의 머릿속에 잘못 똬리를 튼다. 아이가 교과서 말고 참고서나 문제집만으로 공부하는 데 뭔가 죄책감 비슷한 걸 느끼는 것이다.

그런데 사실 교과서가 오히려 머리를 복잡하게 만들기도 한다. 특히 초등학교 교과서가 그렇다. 예를 들어 초등학교 5학년 2학기에 분수의 곱셈이 나오는데, 그걸 보고 더 헷갈린다는 아이들이 많다. 엄마들은 이걸 이해 못하면 구멍이 생길 것 같아 불안하다. 그래서 학원으로 간다.

문제집 풀 때도 마찬가지다. 문제집을 처음부터 끝까지 다 풀어야 한다고 믿고 단원별로 1단계(기본), 2단계(응용), 3단계(심화)를 차근차근 시킨다. 그러나 그렇게 한 권을 다 푸는 아이는 없다. 1단원의 2단계(응용) 혹은 3단계(심화)에서 막히고, 어찌어찌 2단원을 들어가도 또 3단계에서 막힌다. 그리고 3단원은 극도로 자신감이 떨어진 채 정말 마지못해 꾸역꾸역 한다. 그러다가 결국 개념 이해도, 심화 문제풀이도 제대로 하지 못한 채 흐지부지돼버린 경험은 누구한테나 있을 것이다. 특히 혼자 공부하려고 하는 아이들이나 집에서 엄마와 함께 공부하는 아이들이 실패하는 하나의 패턴이다.

하지만 페이지 순서대로 다 풀 필요는 전혀 없다. 단원별로 1단계만 죽 풀고, 그다음 2단계를 죽 풀고, 어렵다면 일단 거기까지만 해도 된다. 한 장도 남김없이 '씹어 먹어야' 한다며 순서대로 문제집을 풀다가는 1단원에서 막힐 수밖에 없다. 기본을 배운다고 해서 실력, 심화까지 다 풀 수 있는 건 아니기 때문이다. 그렇게 모든 단원의 모든 단계의 문제를 다 풀고야 말겠다는 호기로운 목표를 세우고 달리다가는 첫째 단원에서부터 수학에 정이 떨어진다. 심화 문제는 '문제를 위한 문제'일

때가 많고, 새로운 개념들이 머릿속에 채워지면서 자연스럽게 풀리기도 한다.

초등수학을 우습게 보면 안 된다

그래서 나는 고등수학까지 가르칠 수 있는 선생님들이 초등수학을 가르쳐야 한다고 생각한다. 초등수학을 우습게 보면 안 된다. 초등수학에서 다루는 개념에 함수, 방정식, 수열의 기초가 숨어 있다. 바둑알 문제는 수열이고, 네모 넣기 문제는 방정식이고, 규칙과 대응이 함수다. 중등수학, 고등수학으로 가면서 그 개념들이 구체화되고 문자화되는 것뿐이다.

예를 들어 초등학교 5학년 1학기에 나오는 규칙과 대응을 가르칠 때 이 원리와 개념이 나중에 함수로 발전한다는 이야기를 같이 해줘야 한다. 그리고 그게 우리 삶에 어떻게 영향을 미치는지까지 이야기해주면 아이는 초등수학을 배우면서 중등수학에 대한 마음의 준비, 고등수학에 대한 기대를 하게 된다. 실제로 그 단원에 가면 이미 그 개념을 알고 있는 상태다. 네모가 x고, 세모가 y라고 가르쳐주는 건 나중에 돋을 싹을 위해 상위 개념의 수학의 씨를 뿌리는 것이다.

한 가지 더, 한 번 설명했는데 아이가 이해를 잘 못하는 것 같을 때 같은 설명을 똑같은 내용으로 천천히 반복해서는 안 된다. 반드시 다른 각도에서 다른 예시를 들어 아이 눈높이에 맞춘 설명을 해줘야 한다. 똑같은 내용을 천천히 다시 힘주어 반복하면 아이는 두려워한다. 여전히 이해가 안 되는 건 당연하다. 처음 들었을 때 이해가 쉽지 않았던 설명을 녹음기처럼 다시 반복한다고 해서 어떻게 이해가 되겠는가? 더구나 같은 설명을 몇 번이나 듣고도 이해하지 못하면 스스로 바보가 된 것 같은 기분이 드니 최악이다.

또한 "이해됐니?"라고 묻는 것도 나쁘다. 아이들은 이해가 잘 안 되더라도 선생님이나 학부모가 물으면 영혼 없이 고개는 끄덕인다. 그러니 아이 눈빛을 보고 아이가 확실히 이해했는지 알아채야 한다. 눈빛은 거짓말을 하지 않는다. 이해한 눈빛에서는 영롱한 '하트'가 뿜어져나온다. 두세 번 같은 설명을 듣고도 이해하지 못한 아이의 눈동자는 떨린다. 그 순간을 넘기고 싶은 마음에 이해했다고 대답은 하지만 요즘 말로 '동공 지진'이 일어난다.

좋은 선생님의 가장 기본적인 조건은 공감 능력과 함께 아이의 수준이나 그때그때 상황에 따라 설명의 각도를 달리할 수 있는 탁월한 임기응변 능력이다. 다시 강조하지만, 이해를 못하는 건 아이 탓이 아니다.

후행은 후퇴가 아니라 전진의 첫발이다

바보 같은 질문 하나 던져보겠다. 아파트를 건축하는데 1층의 기초나 뼈대도 없이 허공에다가 2층을 짓겠다고 덤빈다. 1층이 구멍이 숭숭 난 부실 공사인데 2층부터는 잘 올릴 수 있다고 한다. 말이 되는가? 그런데 이런 말도 안 되는 허언과 몰상식이 수학 교육 현장에서는 당연하다는 듯 난무한다. 바로 '묻지마 선행'이다. 여기저기서 선행을 부추기고 강요하며 공포를 조장한다. 그야말로 주객전도 선행 지상주의다.

'수학(상)'에 구멍이 숭숭 났는데 '수학(하)'를 펼친다. '수I'을 책장만 넘기고 엉터리로 끝냈는데 진도가 급하다며 바로 이어서 '수II'를 진행한다. 앞 과정을 잘 모르는데 뒷부분을 제대로 잘 따라갈 턱이 없다. 기본 원리와 중요 개념도 갖추지 못한 채 진도만 뽑으니 결국 선행은 엉망이 된다. 그래서 두세 번을 반복해도 말짱 도루묵이 되는 것이다.

선행을 해야 한다면 반드시 후행을 완성한 후에 해야 한다. 고등 선행을 하고 싶다면 아무리 급해도 중학 후행을 다져야 한다. 1층을 짓지 않고 2층을 올리겠다는 헛된 망상을 버려야 2층, 3층을 제대로 올릴 수 있다.

수학은 수직적 위계질서가 뚜렷한 학문이다. 철저히 순서가 있고, 그 순서를 거스르면 학습이 불가능하다. 덧셈과 뺄셈이 되어야 곱셈과 나눗셈이 되고, 약수와 배수를 알아야 인수분해가 되며, 인수분해가 되어야 방정식의 근을 구하고, 함수를 알아야 미분과 적분에 접근할 수 있다. 기본적인 토대가 순서대로 잘 이루어져야 다음 단계로 나아갈 수 있다는 뜻이다. 시간이 없고 진도가 늦다며 앞 단원의 명확한 이해와 개념 정리 없이 중간중간 구멍이 뚫린 채로 어설프게 진도만 나가는 수학 공부가 허망하게 무너지는 이유다.

반드시 성공하는 후행 3원칙

이처럼 수학 정복을 위해 후행은 너무나 중요하다. 그런데 성공하는 후행 역시 드문 것이 사실이다. 큰맘 먹고 시도한 후행, 성공하려면 어떻게 해야 할까?

첫째, 후행을 대하는 마음가짐이다. 보통 후행을 한다고 했을 때 대부분 아이들은 패잔병 같은 마음이다. '너는 고1이지만 중1부터 후행을 해야 해', '너는 중2인데 초6부터 후행을 해야 해'라는 얘기는 아이들에게 아주 치명적이고 자존심 상하는 소리다. 사기가 떨어지고 참담한 심정까지 들기도 한다.

그래서 후행을 대하는 마음가짐은 너무나 중요하다. 후행을 하기 위해 후행을 한다고 생각하면 절대로 안 된다. 후행을 위한 후행이 아니라 선행을 나가기 위한 후행이다. 선행을 하려면 밑바탕이 튼튼해야 해서 잠깐 짚고 가는 거니 너무 좌절하거나 자존심 상하지 않아도 된다고 이야기해줘야 한다.

둘째, 후행할 때는 목표에 힘을 빼야 한다. 이건 정말 중요한 포인트다. 후행을 하면서 그 과정을 '완전히 씹어 먹겠다', '완벽하게 마스터하겠다'는 어리석은 생각은 반드시 버려야 한다. 역설적이게도 '완벽하게 하겠다'는 생각을 버려야만 완벽한 후행이 이루어진다. 후행을 할 때는 깊은 심화 과정은 가능한 한 파고들면 안 된다. 후행에서의 무게중심은 기본 원리와 개념, 그리고 그 원리와 개념에 바탕을 둔 응용 문제 정도에 두어야 한다. 심화까지 무조건 완벽하고 꼼꼼하게 정복하겠다고 달려드는 후행은 절대로 성공할 수 없다.

후행을 하는 아이들은 수학을 싫어하거나 수학에 문제가 생겼거나 수학에 흥미를 잃은 학생들이 대부분이다. 후행이라는 것 자체가 아이들에게는 큰 동기부여가 안 된다. 인간은 생각보다 반복과 복습을 싫어한다. 후행은 욕심이 클수록 성과가 낮다. 가벼운 마음으로 해야 한다. 그것이 후행의 성공을 담보하는 핵심 포인트다.

셋째, 후행은 빠른 것이 선(先)이다. 후행은 무조건 빨라야 한다는 뜻이다. 후행하는 기간이 늘어져서 성공한 경우는 없다. 후행은 대부분 학생들에게 힘든 과정이다. 그런데 이 과정이 질질 늘어지면 아이들 머릿속에 불안감이 엄습한다. '이러다가 언제 현행을 하고 언제 선행을 하지?' 하는 불안감 속에서 하는 후행은 도움이 안 된다.

몰입과 집중으로 가능한 빠른 시간 안에 기본 원리와 개념을 완벽하게 다지는 데 집중해야 한다. '완벽하고 빠르게' 후행을 진행하면 후행은 반드시 성공한다. 단, 전제조건이 있다. 하루에 투입하는 수학 공부 시간을 늘려야 한다. 단기간에 긴장

감과 집중력을 극도로 끌어올려야 한다. 이렇게 공부 시간을 단기간 늘리면 늘린 시간만큼 전체 후행 속도는 빨라진다. 후행은 반드시 '짧고 굵게' 끝내야 한다.

지금 당장 수학 점수 최소한 10점 올리는 실전 시험 전략

족집게 문제를 푸는 것도 아니고, 공부 시간을 늘릴 필요도 없다. 지금 실력에서 최소한 10점 이상 올리고 수능 한 등급은 올라설 수 있는 전략이 있다면 믿겠는가? 정말 있다. 내 20년 경력을 걸고 공개하는 노하우다.

첫째, 실전 시험 시간을 몸에 새기라

첫 번째 방법은 타이머를 활용하는 것이다. 바로 몸 안의 생체 시계를 수학 시험과 맞추는 것으로, 시험 보기 한 달에서 석 달

전부터 준비해야 한다. '아하, 시험 시간에 가장 집중력이 좋도록 리듬을 조절하라는 얘기구나.' 하고 짐작한다면 틀렸다. 시험 시간인 45분에서 50분이라는 시간(수능은 100분)을 내 몸에 맞추는 훈련을 해야 한다는 뜻이다.

대부분 수학 문제를 풀 때 타이머를 사용하지는 않는다. 그리고 평상시에 타이머를 사용하는 건 아무 효과가 없다. 하지만 수학 시험 형태와 똑같은 문제, 즉 모의고사나 기출문제를 풀 때는 시험 시간까지 정확하게 실제 시험과 맞추어야 한다. 타이머로 시간을 재면서 그 시간 안에 정해진 개수의 문제를 푸는 실전 트레이닝인 셈이다.

이렇게 연습하지 않으면 진짜 시험에서 성과를 내기 힘들다. 시계를 보지 않아도 대략 지금쯤이면 몇 번쯤 풀어야 하는지, 지금 몇 번을 풀고 있는데 앞으로 시간이 어느 정도나 남았는지를 직관적으로 느껴야 한다.

이런 방법으로 시간 감각을 완전히 체득하지 않으면 실전에서 시간 때문에 큰 낭패를 본다. 중간 정도 풀었는데 시간이 부족하다거나, 앞부분 문제에 막혀서 시간을 낭비하느라 풀 수 있던 뒷부분 문제를 놓쳐버리고 만다든가 하는 일들이 많이 발생하는 것이다. 시간에 대한 중요성을 깨닫고 그것에 대비하지 않는다면 오로지 '시간 때문에' 자기 실력을 제대로 발휘하지 못하고, 다음 시험에는 공포와 긴장 때문에 더 나쁜 성적표를 받는 악순환에 빠지게 된다.

둘째, 수학 시험은 도장 격파가 아니다

두 번째 포인트는 20년 동안 아이들을 가르치면서 너무나 중요하다고 느끼는 것 중 하나다. 실전 시험장에 가는 아이들에게 늘 강조하면서 머릿속에 각인시켰던 부분이기도 하다. 바로 1번부터 30번까지 순서대로 하나씩 격파해서 완벽하게 마지막까지 다 풀겠다는 어리석은 생각을 버리라는 것이다.

아무리 공부를 많이 했더라도 수학 시험 문제를 1번부터 순서대로, 하나하나 풀어서 30번까지 다 풀어낼 수 있을까? 한 번의 어려움, 한 번의 망설임도 없이? 그런 아이들은 우리나라에 몇 없다. 이건 천 명 중 한 명, 만 명 중 한 명 있는 이런 수학영재들 말고 일반적인 99퍼센트의 아이들을 위한, 너무나 중요한 포인트다.

수능 시험을 예로 들어보자. 대부분의 아이들은 90분(원래는 100분이지만 마킹 시간 10분 정도를 제외하고 계산해야 한다)이라는 시간 안에 1번 문제부터 30번 문제까지 모두 다 풀어내는 건 거의 불가능하다. 자기 인생이 걸린 중차대한 시험을 치르면서 중간에 막힐 것을 예상하지도, 대비하지도 않는다면 20번대 초반 혹은 10번대 후반에서부터 갑자기 어려운 문제가 툭 튀어나오는 것에 대부분 속수무책으로 큰 낭패를 겪게 된다. 시험 중반에 예상보다 어려운 문제를 만나면서부터 시간은 하염없이 흘러가며 정신이 혼미해지고 가슴은 쿵쾅쿵쾅 요동친다. 멘탈이 무너진다는 말이다. 이렇게 멘탈이 붕괴된 결과는 처참하다.

예상치 못한 어려운 문제에 꽉 막혀 오도 가도 못한 채로 하늘이 노래지고 눈이 핑핑 돌 때 '금방 생각이 안 나네. 까짓거 그냥 넘기고 나중에 다시 돌아와서 풀어보면 되지.' 하고 쿨하게 넘기는 학생들은 멘탈도 붕괴되지 않고 가벼운 마음으로 다음 문제들을 풀어낸다.

어차피 어려운 문제가 계속 나오지는 않는다. 예전에는 주로 뒷부분에 어려운 문제를 배치했는데, 요즈음의 시험 출제 트렌드는 중간에 난이도 높은 문제를 배치해놓고 아이들을 힘들게 하는 경향이 두드러진다. 이런 문제를 만났을 때 쿨하게 넘길 수 있다면 시험지 중간중간에 돌처럼 탁 박혀 있는 돌부리에 걸려서 넘어지지 않고 사뿐 뛰어넘어 다음 트랙을 달려갈 수 있다.

마지막까지 그 기세로 문제를 풀고, 남은 시간 동안 중간에 이렇게 '패스한' 몇 문제를 마음의 여유를 가지고 풀어보면 된다. 왜? 풀 문제는 다 풀었기 때문이다. 지금부터 맞추는 문제는 보너스다. 그렇게 마음을 편안하게 먹고 패스한 문제에 다시 도전한다. 그러면 멘탈은 흔들릴 일이 없고, 자기 실력은 최대한 발휘하면서, 절대 자기 실력 이하로 무너지는 성적을 받는 불행한 사태는 일어나지 않는다.

그런데 대부분의 아이들은 이렇게 중간에 돌부리에 걸리면 완전히 나가떨어진다. 만약 시험 중반(10번대 후반이나 20번대 초반)에서 꽉 막혔는데 시간에 쫓겨 어쩔 수 없이('쿨하게'가 아니라) 억지로 다음 문제로 넘어간다면, 그 뒤에 이어지는 문제들에서 결국 무너져버린다. 다음 문제를 풀면서도 계속 앞의 해결하지 못한 문제를 생각하고, 그다음 문제를 풀면서도 계속 그 문제가 머릿속을 떠돈다. 왜? 못 풀었기 때문이다. 그렇게 억지로 시간에 쫓겨 넘겨버린 문제에 대한 걱정을 떨쳐내지 못하고 뒷부분이 다 초토화된다. 나는 시간에 쫓겨 자기 실력보다 15점, 20점씩 깎이는 아이들을 너무나 많이 봐왔다.

수학 시험은 절대로 1번부터 끝까지 한 번에, 하나도 막힘없이 풀어야 하는 게 아니다. 이 말을 꼭 명심해야 한다. 시험을 보다 보면 중간에 반드시 넘겨야 되는 문제가 있다. 이런 상황이 발생했을 때, 그러니까 문제를 풀다가 멈칫거려지는 순간, '아, 이건 누구에게나 있는 일이야.'라고 편안히 생각해야 한다. '쿨하게' 문제를 넘길 수 있어야 한다. 수능이건 내신이건 마찬가지다.

시간이 걸릴 것 같거나 어떻게 풀어야 할지 아이디어가 잘 안 떠오르는 문제를 가볍게 패스할 수 있고, 멘탈을 유지하면서 그다음 문제를 아주 여유 있게 풀어낼 수 있다면, 초영재나 수학 천재가 아니더라도 수학 만점을 거머쥘 수 있다.

셋째, 문제에 흔적을 남기라

세 번째 포인트는 두 번째 포인트와 연결되는 팁이다. 바로 막히는 문제는 '쿨하게' 넘어가되 반드시 흔적을 남기라는 것이다. 이건 내가 학창 시절부터 실전에서 항상 적용했던 방법이고, 정말 효과가 있다고 단언한다.

바로 어떤 문제를 뒤로 넘길 때 문제를 '패스하는' 이유를 크게 셋으로 분류해 표시하는 방법이다. 첫째, 문제를 다 읽었는데 아무런 실마리가 생각이 안 나고 어디서부터 접근해야 할지 캄캄하다고 하면 패스하면서 '엑스' 표시를 남긴다.

둘째, 당장은 생각이 안 나지만 시간만 있으면 풀 수 있을 거라는 느낌이 든다면 그때는 '세모' 표시를 한다.

그리고 마지막으로 풀이 방법은 거의 생각 나는데 그 과정이 너무 길 것 같은 경우다. 그 문제를 풀다가 뒤에 있는 쉬운 문제를 놓칠지도 모른다. 그런 문제도 패스해야 한다. 패스하면서 '별표'를 친다.

이 세 개의 흔적을 남겨놓으면 문제를 패스해도 별로 걱정이 안 된다. 넘긴 문제에 흔적을 다 남겨놨기 때문이다. 끝까지 다 풀고 나서 다시 돌아왔을 때 제일 먼저 도전해야 할 문제는 당연히 별표 표시를 남겨둔 문제다. 풀이 과정이 다 머릿속에 있으니 풀이만 하면 되기 때문이다.

그다음에는 세모 문제, 그리고 마지막으로 엑스 문제에 도전한다. 상상하는 이상으로 시간이 단축된다. 여유가 생긴다. 풀 만한 문제는 다 풀었기 때문이다. 만만한 문제는 다 풀고 출제위원들이 일부러 박아 넣은 돌덩이(킬러 문항)에 여유 있게 집중할 수 있다. 수학 문제를 더 풀지 않아도, 더 실력을 높이지 않아도 현재 있는 그대로의 실력만으로 최소한 10점 이상, 수능 1등급 이상 완벽하고 확실하게 올릴 수 있는 최고의 실전 전략이다.

'문제풀이 최적화'란 무엇인가

고등학교 1학년 과정에 나오는 '도형의 방정식' 중 '원의 방정식' 단원에 있는 문제를 예로 들어 문제풀이 최적화의 중심 개념과 그 위력을 알아보자. 문제는 다음과 같다. 거의 모든 문제집과 참고서에 다 등장하는 중요한 문제다.

Q 원 $x^2+y^2=4$에 접하고 기울기가 2인 직선의 방정식은?

찾아야 할 대상은 직선의 방정식이고, 기울기가 2라고 주어졌다. 조건은 원에 접한다는 것이다. 이 문제에 대해 모든 참고서와 문제집에서 설명하는 가장 기본적인 접근 방법은 판별식을 사용하는 것이다 (다음 풀이방법 ❶ 참조).

❶ 판별식 공식을 이용한 풀이

$D=b^2-4ac=0$ (접선 조건 판별식 이용)
접하는 접선의 방정식을 $y=ax+b$라 한다면, 기울기가 2로 주어졌

으니 $y=2x+b$가 되고,이 식을 주어진 원의 방정식에 대입하면

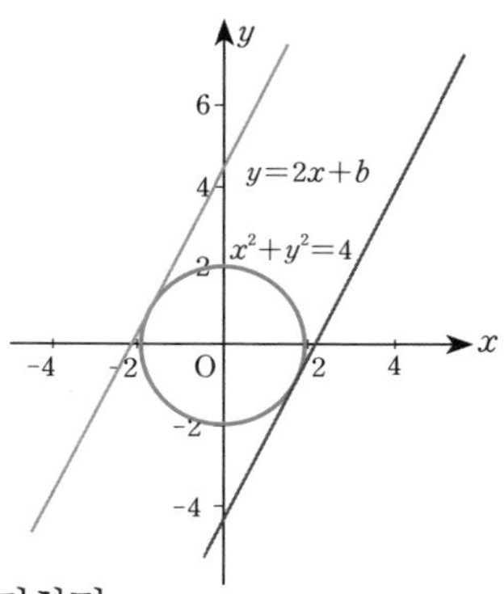

$x^2+(2x+b)^2=4$이 되는데, 전개해서 내림차순으로 정리하면

$x^2+4x^2+4bx+b^2-4=0$

즉, $5x^2+4bx+b^2-4=0$이 되고, 이 이차방정식에서 판별식이 0이 되어야 하므로(접선 조건)

$D/4=(2b)^2-5(b^2-4)=0$라 놓고 정리하면

$4b^2-5b^2+20=0$

$b^2=20$

$b=\pm 2\sqrt{5}$(접선이 2개이므로 b의 값은 2개가 나온다.)

$\therefore\ y=2x\pm 2\sqrt{5}$(2개의 접선을 하나의 식으로 표현)

⋯› 가장 많이 사용되는 풀이법이지만 문자 연산 및 정리에 능숙하지 못하면 오답이 많이 발생하기도 한다. 상당히 식이 복잡하고 과정이 길기 때문이다. 기하 문제이지만 대수 실력이 더 중요한 역할을 하는 셈이다. 기하와 대수는 분리될 수 없음을, 대수가 받쳐주지 못하면 기하도 무너진다는 사실을 명심해야 하는 이유다.
문제풀이 최적화에서는 권장하는 방법이 아니다. 다만 시험에서 꼭 이 방법을 사용해 답을 구하라는 경우도 있는데, 이 경우에는 이 방법으로 문제를 풀되 검산은 반드시 다음의 더 간결하고 쉬운 방법으로 크로스 체크를 해야 한다. 그래야 실수를 반드시 잡아낼 수 있다.

❷ 원의 접선 공식을 이용한 풀이

$y=mx\pm r\sqrt{m^2+1}$

m은 기울기이므로 $m=2$, r은 반지름이므로

$r=2$를 공식에 대입하면 끝!

$\therefore\ y=2x\pm2\sqrt{5}$(단 한 줄, 연산 한 번으로 끝이다.)

⋯▸ 풀이 과정이 가장 간결하고 연산이 적어서 실수 유발이 적은 방법 중 하나다. 공식만 정확히 적용한다면 시간이 엄청나게 단축되고 실수 발생 가능성이 거의 없기에 문제풀이 최적화 중 하나로 권장할 만한 방법이다.

❸ 점과 직선 사이의 거리 공식 이용

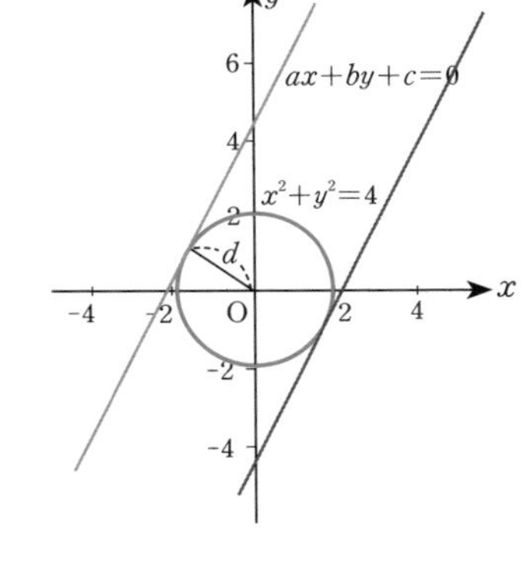

주어진 원의 방정식에 접하는 직선의 방정식을 $y=2x+b$라 하면

우변을 좌변으로 이항해서

$2x-y+b=0$로 놓고(점과 직선 사이의 거리 공식을 사용하기 위해)

$ax+by+c=0$와 $(x_1,\ y_1)$의 거리 d

$$d=\frac{|ax_1+by_1+c|}{\sqrt{a^2+b^2}}$$

(점과 직선 사이 거리 공식)

$2x-y+b=0$와 원점$(0, 0)$ 사이의 거리 d는 2라고 주어졌으니

$$2=\frac{|b|}{\sqrt{2^2+(-1)^2}}\quad b=\pm2\sqrt{5}$$

(공식에 대입하면 바로 b값이 도출된다. 사실 풀이 과정은 이 한 줄로 끝이다.)

$\therefore\ y=2x\pm2\sqrt{5}$

⋯› 고등 기하 전반에 걸쳐 가장 많이 사용되는 공식 중 하나다. 사용 빈도가 높기 때문에 공식을 잊을 가능성이 낮고, 원의 접선 공식을 이용한 ② 풀이법보다는 길지만 판별식을 사용한 ① 풀이법보다는 풀이 과정과 연산이 훨씬 간결하기 때문에 실수를 줄일 수 있는 방법이다.

❹ 중등수학에 나오는 직각삼각형의 원리 개념을 이용한 풀이

접하는 접선의 방정식을 $y=ax+b$라 한다면, 기울기가 2로 주어졌으니 접하는 접선의 방정식은 $y=2x+b$가 되고 결국 여기서 b의 값만 구하면 접선의 방정식이 완성되는 문제이므로 중등 기하에 나오는 직각삼각형 닮음의 길이 공식에 바로 대입해서 b만 구해내면 끝이다.

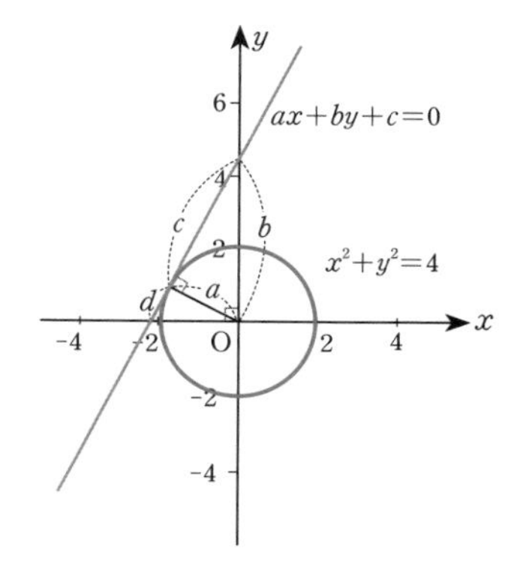

$a=2,\ a^2=cd$

$a : c=1 : 2$ (직각삼각형 닮음)

$c=4,\ d=1$

$b^2=c(c+d)$ (직각삼각형 닮음을 이용한 변의 길이 공식에 대입)

$b^2=20,\ b=\pm2\sqrt{5}$이 구해지고

$y=2x+b$에 b 값을 대입하면

$y=2x\pm2\sqrt{5}$

⋯› 복잡한 고등수학의 원리를 쓰지 않고 중등수학 과정에 나오는 직각삼각형의 원리를 이용해 고등 기하 문제를 풀어내는 방법이다. 고등수학 과정에서 배우는 '점과 직선 사이의 거리' 공식이나 '기울기를 알 때 원의 접선의 방정식' 공식 등을 사용하지 않는 창의적 접근법으로 권장되는 방법이기도 하다.
이 풀이 과정을 잘 살펴보면 크게 복잡한 문자 연산이 별로 필요 없고, 직각삼각형의 정의 및 성질, 변의 관계 등을 이용해 중등 과정의 개념만으로 접근 가능한 비교적 쉬운 문제풀이 최적화라고 할 수 있다. (피타고라스 공식도 필요 없다.) 다만 주어진 기울기의 숫자가 어떻게 주어지느냐에 따라 분수 연산이 복잡해질 수 있으므로 그런 경우에는 다른 방법을 택하면 된다.

❺ 음함수의 미분법을 이용한 풀이

$x^2+y^2=4$ 주어진 원의 방정식을 미분하면

$2x+2y\dfrac{dy}{dx}=0$ (양변 x에 대해 음함수 미분) ⟶ ①

$\dfrac{dy}{dx}=2$ (주어진 기울기가 2이므로)를 ①에 대입하면

$2x+4y=0$ ⟶ ②

여기에서 기울기 2인 접선이 원에 접하는 접점을 $(x_1,\ y_1)$라 놓고

②에 대입하면 $x_1=-2y_1$가 되고 ⟶ ③

$(x_1,\ y_1)$은 주어진 원$(x^2+y^2=4)$의 한 점이므로

x_1은 y_1으로 바꿔 한 문자(y_1)로 통일해서 원의 방정식에 대입하면

$(-2y_1)^2+(y_1)^2=5{y_1}^2=4$ $y_1=\pm\dfrac{2\sqrt{5}}{5}$ 이 구해지고

그 두 개의 값을 ③에 대입

$(x_1,\ y_1)=\left(\dfrac{4\sqrt{5}}{5},\ -\dfrac{2\sqrt{5}}{5}\right),\ \left(-\dfrac{4\sqrt{5}}{5},\ \dfrac{2\sqrt{5}}{5}\right)$로

두 개의 접점의 좌표가 도출되었다.

$y-y_1=2(x-x_1)$ (접선의 방정식에 기울기 2인 점의 좌표 대입)

$\therefore\ y=2x\pm2\sqrt{5}$

⋯→ 사실 가장 수준 높은 문제풀이 최적화 방법이다. 수학을 정말 잘하고 싶거나 높은 수준의 수학을 다루고 싶다면 이 방법으로 접근하는 것도 좋은 방법 중 하나다. 음함수의 미분법은 이 문제뿐 아니라 타원, 쌍곡선, 그리고 다른 여러 기하 개념이 접목된 문제 등에서 비중 있게 다루어지기에 가능한 한 많이, 자주 사용해서 익히고 자기 것으로 완벽히 체득하길 권장한다.

❻ 닮음과 피타고라스 정리를 이용한 풀이

기울기가 2로 주어졌으니 가장 큰 삼각형의 밑변과 높이의 비는 1:2

변 a, b, c로 주어지는 삼각형도 가장 큰 삼각형과 닮음이니

$a:c=1:2$

그런데 $a=2$이므로(원의 반지름) $c=4$가 되고

$a^2+c^2=b^2$(피타고라스 정리)로 $b=\pm2\sqrt{5}$ (연산 단 한 번으로 끝)

$y=2x+b$에 b 값을 대입하면 $y=2x\pm2\sqrt{5}$

⋯→ 중학교 2학년에 나오는 '닮음'과 중학교 3학년 과정인 '피타고라스 정리'만으로 한 번에 해를 구할 수 있는 좋은 접근법이다. 객관식으로 나온 문제라면 가장 빠르고 정확하게 해를 구해낼 수 있는 방법이며, 서술형에서 '판별식'이나 '거리 공식'을 이용해 풀라는 제한이 있을 때도 검산에 이 방법을 사용하면 획기적으로 시간이 단축되고 실수를 완전히 잡아낼 수 있다. 문제풀이 최적화의 훌륭한 사례라고 할 수 있다.

* 수학은 이렇게 풀어야 재미있고 멋지다. 간결하고 명쾌하다. 이렇게 창의적인, 다양하고 재미있는 접근을 가능하게 해주는 과정이 문제풀이 최적화다. 책에 나와 있는 판에 박힌 풀이방법보다 더 창의적이고 효율적인 접근법을 고안하고 시도하고 만들어내는 것, 그것이 성공했을 때의 쾌감이란 이루 말로 표현할 수가 없다.

여기서 강조하고 싶은 포인트는, 수학은 이렇게 다양하고 재미있는 학문이라는 점이다. 얼마든지 창의적 접근이 가능한 열려 있는 학문이며, 그렇게 다양한 루트를 탐색하고 모색하는 동안 높은 수준의 지적 유희를 즐길 수 있다. 더불어 실전에서의 풀이 과정을 간결하게 해 시간을 단축시켜주고 연산 과정을 확실히 줄여 실수까지 완벽히 방지해주는 문제풀이 최적화는 진정으로 수학을 하는 재미뿐 아니라 성적과 성취도를 극적으로 높여주는 훌륭한 도구다.

PART
3

초집중몰입수학의
실제

아이의 수학적 자신감이 퐁퐁 솟아난다. 중학교 문제집을 던져줘도
할 수 있을 것 같은 생각이 샘솟는다. 수학은 이렇게 공부해야 한다.
초등학교 때 이런 개념을 머릿속에 넣어둔 아이와 그렇지 않은 아이는
중등수학을 만나는 태도가 하늘과 땅 차이이다.
수학에 대한 자신감이 하늘을 찌른다.

5장

초집중몰입으로 개념 잡기

고등수학 정복을 위한 중등수학 키포인트

초등수학은 숫자의 세계고, 고등수학은 문자의 세계다. 초등수학에서 잘했던 아이가 중등수학을 거치면서 수포자로 전락하는 건, 숫자의 세계에서 문자의 세계로 넘어가는 다리를 제대로 건너지 못하고 삐끗했기 때문이다.

고등수학의 세계는 넓고도 깊다. 이런 고등수학의 세계로 건너가기 위해 반드시 정복해야 할 중등수학 개념들을 교과과정의 흐름에 따라 간단히 살펴보자. 한 가지 전제해야 할 것이 있다. 바로 수학의 모든 단원은 모두 같은 비중이 아니라는 것이다. 단원별 중요도는 절대로 똑같지 않다. 모든 단원에 똑같은 시간과 노력을 투여해서는 안 된다. 다른 단원보다 눈을 부릅뜨고 정말 '씹어 먹어야' 하는 단원이 있는가 하면, 상대적으로 좀 편하게 넘어가도 되는 단원이 있다.

먼저 중학교 3년 과정을 한눈에 볼 수 있도록 만든 표를 보자. 내가 생각하는 중요도를 별표로 표시했다. 그리고 이어서 각 학년별로 단원별 포인트를 설명했다. 고등수학과 연계되는 중등수학의 공략 포인트를 파악할 수 있을 것이다. 무리수, 문자와 식, 인수분해, 함수 등 고등수학 진입을 위해 무조건 확실하게 이해해야 하는 단원은 별도로 자세히 설명했다.

학부모들에게 이 장의 내용은 우리 아이가 고등수학을 위한 준비를 제대로 다지고 있는지, 제법 많은 돈을 들여서 보내고 있는 학원이 내 아이에게 맞는지를 판단하는 중요한 척도가, 그리고 학생들에게는 고등수학 준비를 위한 체크리스트가 될 수 있을 것이다.

중학교 1학년

대단원	중단원	소단원	중요도
수와 연산	소인수분해	소인수분해	★★★
		최대공약수와 최소공배수	★★
	정수와 유리수	정수와 유리수의 뜻	★★
		대소관계	★★
		덧셈과 뺄셈	★★
		곱셈	★★
		나눗셈	★★
문자와 식	문자의 사용과 식의 계산	문자의 사용	★★★★
		일차식의 덧셈과 뺄셈	★★★★
	일차방정식	방정식과 그 해	★★★
		일차방정식의 풀이와 문제 해결	★★★
좌표평면과 그래프	좌표평면과 그래프	순서쌍과 좌표	★★★★
		그래프	★★★★
		정비례와 반비례	★★
기본 도형	기본 도형	점, 선, 면	★★
		각	★★
		위치관계	★★
		직선과 평행선의 성질	★★
	작도와 합동	삼각형의 작도	★
		삼각형의 합동	★
평면도형과 입체도형	평면도형의 성질	다각형	★
		원과 부채꼴	★★
	입체도형의 성질	다면체	★
		회전체	★
		입체도형의 겉넓이	★★
		입체도형의 부피	★★
통계	자료의 정리와 해석	줄기와 잎 그림, 도수분포표	★
		히스토그램과 도수분포다각형	★
		상대도수	★★
		공학적 도구를 이용한 자료의 정리와 해석	★

중학교 2학년

대단원	중단원	소단원	중요도
수와 식의 계산	유리수와 순환소수	유리수와 소수	★
		유리수와 순환소수	★
	식의 계산	지수법칙	★★
		단항식의 곱셈과 나눗셈	★
		다항식의 계산	★★★
일차부등식과 연립일차방정식	일차부등식과 연립일차방정식	부등식과 그 해	★
		일차부등식과 문제 해결	★
		연립일차방정식	★★
		연립일차방정식과 문제 해결	★
일차함수	일차함수와 그래프	함수와 함숫값	★★★
		일차함수와 그 그래프	★★★★
		일차함수의 그래프의 성질과 문제 해결	★★★
	일차함수와 일차방정식의 관계	일차함수와 일차방정식	★★★
		연립일차방정식과 그래프	★★★★
도형의 성질	삼각형의 성질	이등변삼각형의 성질	★
		삼각형의 외심과 내심	★★
	사각형의 성질	평행사변형	★★
		여러 가지 사각형	★
확률	경우의 수와 확률	경우의 수	★★★
		확률의 뜻과 성질	★★
		확률의 계산	★★
도형의 닮음	도형의 닮음	닮은 도형	★★
		삼각형의 닮음 조건	★★★
	닮은 도형의 성질	평행선과 선분의 길이의 비	★★
		삼각형의 무게중심	★★
		닮은 도형의 넓이와 부피	★★★
	피타고라스 정리		★★★★

중학교 3학년

대단원	중단원	소단원	중요도
실수와 그 계산	제곱근과 실수	제곱근과 그 성질	★★★
		무리수와 실수	★★★
		근호를 포함한 식의 계산	★★★★
이차방정식	다항식의 곱셈과 인수분해	다항식의 곱셈	★★★★★
		다항식의 인수분해	★★★★★
	이차방정식	일차방정식과 그 풀이	★★★
		완전제곱식을 이용한 이차방정식의 풀이	★★★
이차함수	이차함수와 그래프	이차함수의 뜻	★★★★
		이차함수 $y=ax^2$의 그래프	★★★★
		이차함수 $y=a(x-p)^2+q$의 그래프	★★★★
		이차함수 $y=ax^2+bx+c$의 그래프	★★★★
삼각비	삼각비	삼각비의 뜻	★★★
		삼각비의 값	★★★
	삼각비의 활용	삼각비의 활용	★★★★
원의 성질	원과 직선	원의 현	★
		원의 접선	★★
	원주각	원주각	★
		원주각의 활용	★★
통계	대푯값과 산포도	대푯값	★★
		산포도	★★
	상관관계	상관관계	★★

중학교 1학년 단원별 키포인트

대단원	중단원	소단원	중요도
수와 연산	소인수분해	소인수분해	★★★
		최대공약수와 최소공배수	★★
	정수와 유리수	정수와 유리수의 뜻	★★
		대소관계	★★
		덧셈과 뺄셈	★★
		곱셈	★★
		나눗셈	★★

중학교에 들어가서 맨 처음 배우는 단원에서는 '소인수분해'가 가장 중요하다. 특히 나중에 배우는 '인수분해'에서 '인수'와의 차이를 이해하기 위해서는 소인수가 무엇을 의미하는지를 확실히 이해해야 한다.

소인수는 자연수(정수 중 음수와 0이 아닌 수)를 소수(1과 자기 자신만으로 나누어떨어지는 1보다 큰 양의 정수)만의 곱으로 나타냈을 때 각 숫자(인수)를 말한다. 단원의 제목인 '소인수'만 이해하려고 해도 자연수, 소수, 인수 등의 세 가지 개념을 알아야 한다.

이어서 가장 중요한 '분해'의 의미를 이해해야 한다. 여기서 '분해'는 '나눈다'는 뜻이 아니라 '곱'으로 분해한다는 뜻이다. 어떤 수를 더하기나 빼기로 나누는 것이 아니라 반드시 '곱'의 꼴로 분해해야 한다는 의미다.

예를 들어 12라는 수는 $1\times2\times6$, 1×12, 3×4, $2\times3\times2$ 등 다양한 곱의 방식으로 표현할 수 있다. 그런데 이 중 1, 6, 4, 12는 소수가 아니므로 12의 소인수가 될 수 있는 수는 2와 3뿐이다. 즉, $12=2\times2\times3=2^2\times3$이라고 표현하는 것이 소인수분해이다.

그렇다면 이 소인수분해와 중학교 3학년 때 배우는 인수분해는 어떻게 다를까? 소인수분해는 어떤 수를 소수인 수들의 '곱'으로 쪼개는 것이고, 인수분해는 문자식(주로 다항식)을 문자식(주로 다항식)들의 '곱'으로 쪼개는 것을 말한다.

아이들에게 "소인수분해가 뭐야?"라고 물었을 때 정확한 대답을 하는지 반드시 확인해야 한다.

한 가지 더, 소인수분해를 왜 배우는지에 대해서도 이해하고 넘어가는 것이 중요하다. 수학은 효율성과 규칙, 질서 등을 가장 아름답게 여기는 학문이다. 서로 의미 없어 보이는 두 수를 각각 소인수분해하는 순간, 두 수의 공통점, 공약수, 공배수가 보이기 시작하고, 분수의 분모와 분자라면 약분이, 두 분수 각각의 분모라면 통분이 가능해진다. 소인수분해는 숫자를 다루는 가장 중요한 기본 중의 기본이다.

다음으로 이 단원에서 중요한 것은 정수와 유리수의 개념이다. 정수란 양의 정수, 자연수, 0, 음의 정수를 통칭하는 개념이며, 유리수는 분수로 나타낼 수 있는 모든 수를 말한다. 자연수도 분수로 나타낼 수 있으니 유리수이다.

그렇다면 분수로 나타낼 수 없는 수는? 끝이 없이 계속되는 무한소수 중 분수로 나타낼 수 없는 수를 '무리수'라고 한다. 이 개념은 중학교 3학년 과정에 나오는데, 무리수의 세계로 잘 진입하기 위해서는 유리수까지의 수 체계를 제대로 이해해야 한다.

대단원	중단원	소단원	중요도
문자와 식	문자의 사용과 식의 계산	문자의 사용	★★★★
		일차식의 덧셈과 뺄셈	★★★★
	일차방정식	방정식과 그 해	★★★
		일차방정식의 풀이와 문제 해결	★★★

'문자와 식' 단원은 중학교 1학년 수학 중 핵심 중의 핵심이라고 할 수 있다. 특히 '문자의 사용'과 '일차식의 덧셈과 뺄셈'은 중학교 수학을 제대로 이해하고 받아들여 고등수학까지 잘 진행할 수 있는 가장 중요한 과정이라고 할 수 있다.

여기서 핵심은 '숫자'가 아니라 '문자'를 다루어야 한다는 점이다. 이는 숫자의 세계였던 초등수학에서 문자의 세계인 고등수학으로 넘어가는 교두보로서 중등수학 최고 포인트 중 하나다. 이 단원의 목적은 3×4가 아니라 $a\times b$, 즉 ab를 익숙하게 만드는 것, 문자로 이루어진 식을 이해하고 익숙하게 표현하도록 만드는 것이다.

예를 들어보자. 2×3은 곱하기 기호를 생략하는 순간 23이라는 전혀 다른 숫자가 되어버린다. 그러나 $a\times b$라는 문자의 수학 세계에서는 곱의 기호를 생략해서 ab라고 간단히 표현한다. 이렇게 곱의 기호를 빼고 나타낼 수 있는 이유는 $\times$라는 연산 기호를 생략해도 문자의 연속된 표현은 숫자가 아니기에 위에 예로 든 23처럼 십진법의 두 자리 수로 오해할 일이 없기 때문이다. 굳이 곱의 기호를 생략해도 수학적으로 문제가 생기거나 답이 달라지지 않기 때문에 곱의 기호를 빼고 단순화를 추구하는 것이다.

고등수학의 과정으로 올라가고 더 높은 수준의 수학을 공부할수록 문자들로 이루어진 복잡한 식들을 많이 다루게 되는데, 곱의 연산기호 하나만 생략해도 얼마나 식의 표현이 더 간단해지고 눈에 잘 들어오며 정리하기가 쉬워지는지 실감하게 될 것이다. 즉, 이 '문자와 식'이라는 단원은 수학의 중요한 특성 중 하나인 '간략화'에 도움이 되는, 문자를 다루는 법의 기본을 다루고 있다.

대단원	중단원	소단원	중요도
좌표평면과 그래프	좌표평면과 그래프	순서쌍과 좌표	★★★★
		그래프	★★★★
		정비례와 반비례	★★

'좌표평면과 그래프' 부분에서는 순서쌍과 좌표, 그래프를 왜 공부해야 하는지를 깨닫는 것이 중요하다. x축과 y축으로 이루어진 좌표평면에 점을 찍어 표시를 하면 순서쌍이 나오는데, 이 순서쌍의 점들을 이으면 '함수의 그래프'가 된다. 왜 좌

표와 순서쌍이 이어져 그래프가 되는지를 이해해야 함수의 세계로 넘어갈 수 있다. 함수는 고등수학으로 넘어가면서 미적분의 가장 근본적인 개념 및 원리의 근간이 된다. 미적분 함수는 실질적으로 고등수학 전 과정의 거의 절반에 육박한다. 그래서 함수가 그렇게 중요한 과정인 것이고, 이 단원은 함수를 이해하는 기초 중의 기초 단원이라고 할 수 있다.

대단원	중단원	소단원	중요도
기본 도형	기본 도형	점, 선, 면	★★
		각	★★
		위치관계	★★
		직선과 평행선의 성질	★★
	작도와 합동	삼각형의 작도	★
		삼각형의 합동	★
평면도형과 입체도형	평면도형의 성질	다각형	★
		원과 부채꼴	★★
	입체도형의 성질	다면체	★
		회전체	★
		입체도형의 겉넓이	★★
		입체도형의 부피	★★

기본 도형 부분은 개념을 잘 알아두는 것이 중요하다. 평면도형과 입체도형 역시 기본 개념을 잘 이해하는 것이 중요하

다. 특히 고등수학에서 배우게 되는 수준 높은 기하 문제를 잘 다루기 위해서는 여러 가지 도형을 머릿속에서 입체적으로 그리는 능력이 필요하다.

대단원	중단원	소단원	중요도
통계	자료의 정리와 해석	줄기와 잎 그림, 도수분포표	★
		히스토그램과 도수분포다각형	★
		상대도수	★★
		공학적 도구를 이용한 자료의 정리와 해석	★

통계 부분에서 가장 중요한 것은 '용어 재해석'이다. 우리나라 수학 전반적인 문제이기도 한데, 수학 용어는 대부분 한자어로 되어 있다. 함수 부분에서 다시 언급하겠지만, 이런 용어를 처음 접하면 뜻이 바로 이해가 안 되는 경우가 많다. 한자어가 낯설어서인 까닭도 있고 중국에서 먼저 명명한 용어를 옮겨오면서 잘못된 개념어로 설정된 경우도 적지 않다.

예를 들어 '도수분포표'를 한자로 써보면 度數分布表이다. 국어사전을 찾아보면 '도수의 분포 상태를 나타내는 표'라고 한다. 이게 도대체 무슨 뜻인가!

'도수'는 영어로는 'frequency'이다. 직역하면 '얼마나 자주'

라는 뜻이다. 즉, 우리가 자료를 정리할 때 표로 나타내고자 하는 사건의 개수나 횟수 등을 통틀어 '도수'라고 하는 것이다. '분포'는 그 수량을 정리한 표를 말한다. 정리하자면, 도수분포표란 어떤 양의 범위를 정하고, 각 범위가 나타내는 양을 표로 나타낸 것이다.

수학적 내용으로 바로 들어가기 전에 우선 어휘만 스스로 정리해보아도 여태까지 어렵게만 다가오던 단어들의 뜻이 그리 어렵지 않게 다가오게 될 것이다.

중학교 2학년 단원별 키포인트

대단원	중단원	소단원	중요도
수와 식의 계산	유리수와 순환소수	유리수와 소수	★
		유리수와 순환소수	★
	식의 계산	지수법칙	★★
		단항식의 곱셈과 나눗셈	★
		다항식의 계산	★★★

이 단원에서 중요한 것은 '지수법칙'과 '다항식의 계산'이다. 지수법칙은 고등수학에서 가장 중요한 부분 중 하나인 로그(log)와 직접적으로 연결되는 부분이고, 다항식은 인수분해와 곱셈공식의 기초가 되는 부분이다. 여기에서 문자 중심으로 이루어진 식의 계산을 제대로 해내는 법을 잘 배우고 익히지

못한다면 고등수학의 어떤 진도를 어떻게 나가더라도 결국 무너지게 된다.

대단원	중단원	소단원	중요도
일차부등식과 연립일차방정식	일차부등식과 연립일차방정식	부등식과 그 해	★
		일차부등식과 문제 해결	★
		연립일차방정식	★★
		연립일차방정식과 문제 해결	★

일차부등식은 일차방정식의 외연 확장이라고 볼 수 있다. 여기에서 도입부에 부등식과 방정식을 따로 설명하지 않고 동일선상에 놓은 후 둘 사이의 유사점과 차이점을 비교 분석하는 접근법을 사용하면 아이들이 더 재미있어하고 몰입도가 높아진다. 연립일차방정식 역시 따로 떼어 설명하기보다는 일차함수와 연계해서 서로 비교하며 분석해보는 등 단원과 단원 사이의 유기적 연계와 확장 등의 시각에서 설명하고 이해하는 것이 단원의 성취도를 높이는 데 큰 도움이 된다.

대단원	중단원	소단원	중요도
일차함수	일차함수와 그래프	함수와 함숫값	★★★
		일차함수와 그 그래프	★★★★
		일차함수의 그래프의 성질과 문제 해결	★★★
	일차함수와 일차방정식의 관계	일차함수와 일차방정식	★★★
		연립일차방정식과 그래프	★★★★

일차함수에서 가장 중요한 것은 '함수가 무엇인지, 왜 함수의 그래프를 그리는지'를 잘 이해하는 것이다. 일차함수는 여러 단원을 융합해 사고하는 데 아주 좋은 단원이다. 서로 다른 단원이 어떻게 만나 한 문제가 되는지를 보여주기에도 좋다. 함수에 대해서는 뒤이어 조금 더 자세히 설명하겠다.

대단원	중단원	소단원	중요도
도형의 성질	삼각형의 성질	이등변삼각형의 성질	★
		삼각형의 외심과 내심	★★
	사각형의 성질	평행사변형	★★
		여러 가지 사각형	★

이 부분에서는 삼각형의 외심과 내심 부분을 잘 다지는 것이 중요하다. 평행사변형도 이후 나오는 기하 부분의 응용에 많이 사용되고, 특히 이과 수학의 정수라고 할 수 있는 기하 벡

터에서 아주 중요한 역할을 하기 때문에 잘 익혀두어야 한다. 다만 중등 기하의 근간인 유클리드 기하는 가장 기본적인 개념과 원리가 많이 쓰이므로 지나친 심화 파고들기로 재미있는 기하 공부의 싹을 자르지 않도록 현명하게 접근해야 한다.

대단원	중단원	소단원	중요도
확률	경우의 수와 확률	경우의 수	★★★
		확률의 뜻과 성질	★★
		확률의 계산	★★

이 '경우의 수와 확률' 단원에서는 수많은 실생활 사례가 접목된다. 수학이 실생활에 어떻게 적용되는지, 실생활과 관련된 여러 문제 속에서 답을 찾아내는 수학적 사고력을 확장시킬 수 있는 좋은 단원이다. 더 나아가 현대사회와 미래사회에서 반드시 필요한 '빅데이터 수학'의 기초가 되는 부분이기도 하다. 문과든 이과든 이 부분을 확실히 이해해야 현실 세계에서 잘 살아남을 수 있는 지혜와 통찰을 얻을 수 있을 것이다.

대단원	중단원	소단원	중요도
도형의 닮음	도형의 닮음	닮은 도형	★★
		삼각형의 닮음 조건	★★★
	닮은 도형의 성질	평행선과 선분의 길이의 비	★★
		삼각형의 무게중심	★★
		닮은 도형의 넓이와 부피	★★★
	피타고라스 정리		★★★★

중학교 2학년에 나오는 '도형의 닮음'과 '피타고라스 정리'는 중등수학에서 나오는 도형 관련 단원 중 가장 중요하다. 고등수학의 기하로 넘어가는 핵심 개념을 담고 있기도 하다. 피타고라스 공식 증명을 제대로 이해한다면, 기하의 중심 원리를 이해하는 데 아무 어려움이 없다고 말할 수 있을 정도다. '닮은 도형의 넓이와 부피' 역시 넓이와 부피가 어떻게 다른지, 주어진 길이에 따라 어떤 규칙으로 각각 증가하거나 감소하게 되는지, 그리고 왜 증가의 폭이 차이 나는지를 정확히 이해하게 되면 공간에 대한 이해, 공간도형에 대한 이해의 확장을 가져올 수 있게 된다. 그리고 이후 공간과 부피를 다루는 수준 높은 고등수학에서 급브레이크가 걸리는 상황을 막아낼 수 있을 것이다.

중학교 3학년 단원별 키포인트

대단원	중단원	소단원	중요도
실수와 그 계산	제곱근과 실수	제곱근과 그 성질	★★★
		무리수와 실수	★★★
		근호를 포함한 식의 계산	★★★★

제곱근은 중학교 3학년 수학에 처음 등장한다. 여기에서는 제곱근의 뜻과 그 원리를 아는 것이 가장 중요하다. 특히 무리수와 근호 등의 용어를 이해해야 한다. 이 단원에서 가장 중요한 핵심 문장은 "어떤 수를 제곱하여 a가 되었을 때 어떤 수를 a의 제곱근이라고 한다"라는 정의와 관련된 문장이다.

무리수는 無理數라는 한자어 그대로 이해하면 말 그대로 무리가 있다. 대부분의 아이들은 '무리수'가 무슨 뜻인지 정확히 파악하지 못한 채 무리수를 배우고 문제를 푼다. 용어의 정의를 명확히 짚어주고, 좀 더 쉬운 문장으로 풀어서 개념을 확실히 머릿속에 넣은 다음에 세부 설명이나 문제로 넘어가야 한다.

영어로 무리수는 'irrational number'인데, 이때 'irrational'은 이성적이지 않다는 뜻이 아니라 'ratio(비율)'로 나타낼 수 없다(분수가 될 수 없다)는 뜻이다. 즉, 어떤 방법을 써도, 지구가 뒤집혀도 분수로 나타낼 수 없는, 그러나 엄연히 수직선 위에 실제로 존재하는 수(실수)임을 아이들이 정확히 이해할 수 있도록 해야 한다.

대단원	중단원	소단원	중요도
이차방정식	다항식의 곱셈과 인수분해	다항식의 곱셈	★★★★★
		다항식의 인수분해	★★★★★
	이차방정식	일차방정식과 그 풀이	★★★
		완전제곱식을 이용한 이차방정식의 풀이	★★★

중등수학에서 가장 중요한 부분이 바로 이 '다항식의 곱셈과 인수분해'이다. 별 다섯 개로도 모자라다. 강조하고 또 강조

해도 모자라다. 중학교 3학년 때 기본 개념을 익히고 기초적인 인수분해 공식 몇 개를 익힌 뒤 고등학교 1학년 1학기 수학(상)에서 본격적으로 다루게 되는 인수분해는 그냥 수학의 '한 단원'이 아닌, 고등수학의 공기와도 같은 존재다.

여기에서 인수분해의 정의와 개념, 목적을 제대로 안다면 중등수학과 고등수학의 전반의 핵심을 파악한 것이라고 할 수 있다. 인수분해에 대해서는 뒤에 더 집중적으로 자세히 살펴보도록 하자.

대단원	중단원	소단원	중요도
이차함수	**이차함수와 그래프**	이차함수의 뜻	★★★★
		이차함수 $y=ax^2$의 그래프	★★★★
		이차함수 $y=a(x-p)^2+q$의 그래프	★★★★
		이차함수 $y=ax^2+bx+c$의 그래프	★★★★

중등수학에서 인수분해 다음으로 중요한 것을 묻는다면, 단연 이차함수다. 고등수학(상)과 고등수학(하)의 함수 전반, 그리고 고등학교 2학년 과정인 수II에 등장하는 미분과 적분을 연계하는 씨앗이 바로 이곳 이차함수에서 뿌려진다고 이해

하면 된다. 이 역시 뒤에 따로 설명하겠지만, 미분과 적분으로 이어지는 함수는 지금까지도 수학과 과학의 큰 중심축이 되어 왔고, 미래 수학과 과학의 핵심이자 중심이 되어 인류의 삶에 계속 크게 기여할 것이다. 함수는 미래 예측의 핵심 기술이기 때문이다. 이 부분을 제대로 이해하면 정말 수학이 왜 필요한지, 왜 함수가 필요한지, 미래 사회에서 수학적 사고를 한다는 것이 어떤 것인지를 머리와 가슴으로 절절히 깨닫게 된다.

대단원	중단원	소단원	중요도
삼각비	삼각비	삼각비의 뜻	★★★
		삼각비의 값	★★★
	삼각비의 활용	삼각비의 활용	★★★★

삼각비란 직각삼각형에서 두 변(빗변과 밑변, 빗변과 높이, 밑변과 높이 등)의 길이의 비를 말한다. 삼각비는 고등수학에서 나오는 sin(사인), cos(코사인), tan(탄젠트)가 그래프로 어우러지는 삼각함수로 나아가는 기초가 되는 개념이다. 삼각비는 애초부터 아주 실용적인 필요에 의해 생겨난 수학적 개념으로, 인류가 별의 크기, 별 사이의 간격, 지구와 달 사이의 거리를 측정 가능하

게 한 것이 바로 삼각비다. 현대수학은 물론 건축, 음향 등 여러 영역에서 자주 쓰이는 수학의 중요 개념이기도 하다.

대단원	중단원	소단원	중요도
원의 성질	원과 직선	원의 현	★
		원의 접선	★★
	원주각	원주각	★
		원주각의 활용	★★

이 과정에서 특히 잘 새겨두어야 할 포인트는 중3 과정에 나오는 '원'과 고등수학 1학년 과정 평면기하에 나오는 '원'은 이름만 같을 뿐 큰 연계성이 없다는 사실이다. 이름이 똑같아서 중3의 '원'을 잘 해내지 못하면 고등수학 평면기하의 원을 제대로 다룰 수 없을 것이라는 오해로 중3 기하를 심화 응용까지 깊게 파고드는 경우가 많다. 그러나 그럴 필요가 없다. 중3 기하에서 나오는 '원'은 식으로 나타낸 원이 아니라 그림으로 주어지는 원이고, 고등수학 1학년 평면기하에서의 '원'은 식으로 나타낸 원이기 때문에 접근법 자체가 다르다.

물론 중3에 나오는 원 전반에 대해 문제를 많이 풀고 심화까지 깊게 파고들면 원에 대한 전반적인 이해도야 높아지겠지만 그렇게 쏟아 부은 노력이 고등수학 평면기하 파트를 배울 때 비례적으로 도움을 주는 것은 아니다. 중3 원 심화 문제를 들입다 풀다가 '원' 자체에 대해 오만 정이 떨어진다면 그게 더 나쁘다.

수학은 항상 즐거움과 재미를 기준으로 한 공부 전략을 바탕으로 노력과 시간이 적절하고 효율적으로 투입되도록 해야 한다. 그래서 공부에 대한 시성비를 높이는 것이 중요하다. 두 과정의 '원'이 단지 이름이 같다는 이유로 중3 원에 대해 깊게 파고드는 것은 시성비를 낮추고 기하 전반에 대한 공부 의욕을 자칫 꺾을 수 있으므로 주의해야 한다.

좌표평면도 아닌 그냥 평면에 그림으로 주어지는 '원'과, $(x-a)^2+(y-b)^2=r^2$처럼 식이 주어지고 좌표 위에 그 식을 직접 그래프로 나타내야 하는 '원'은 차원이 다르기 때문이다.

대단원	중단원	소단원	중요도
통계	대푯값과 산포도	대푯값	★★
		산포도	★★
	상관관계	상관관계	★★

중학교 3학년에 나오는 통계에서 가장 중요한 것은 '산포도'라는 용어를 이해하는 것이다. 산포도는 한자로는 散布度, 영어로는 'scatter diagram'이라고 한다. 즉, 그래프에서 어떤 값이 대푯값으로부터 얼마나 떨어져 있는지를 가리키는 것이 바로 산포도이다. 역시 미래 예측 분야에서 핵심적으로 쓰이는 개념이다.

초등 5학년,
무리수의 세계로 초대하라

초등 5학년 1학기 수학 교과 단원은 '다항식의 둘레와 넓이'다. 이 단원에서 아이들은 정사각형과 마름모, 평행사변형의 넓이를 구하게 된다. 예를 들어 정사각형의 넓이를 구하는 문제를 생각해보자.

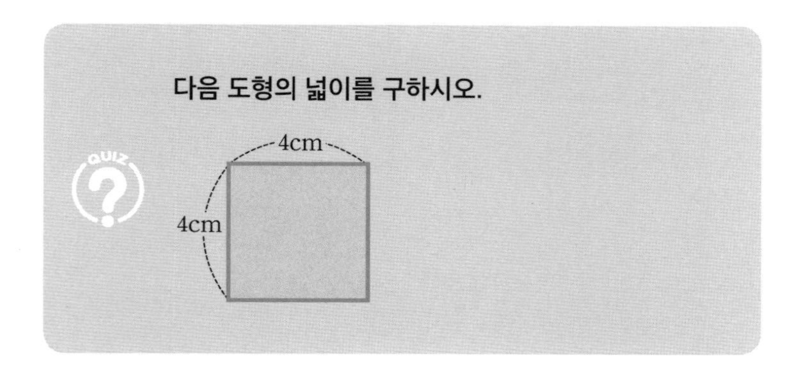

답은 4cm×4cm=16cm^{2}다. 이 문제를 응용해 이런 문제를 내볼 수 있다.

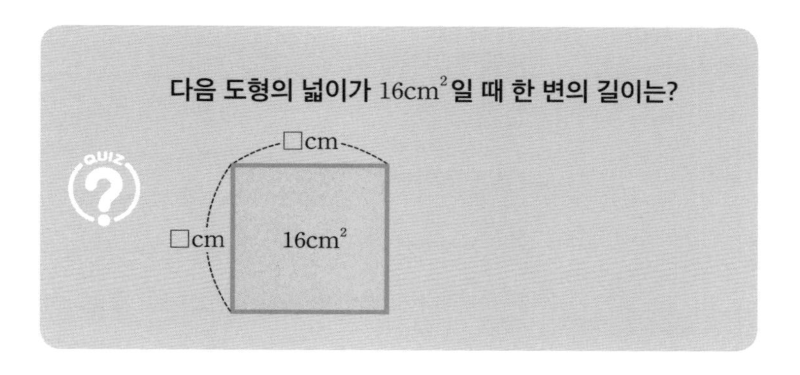

그러면 아이들은 '아, 어떤 수를 두 번 곱한 값이 16이니까 4×4=16, 답은 4'라고 답을 낸다. 그런데 보통 이런 문제를 낼 때 넓이는 4, 9, 16, 25, 36 등 답이 '자연수'로 나오는 숫자를 쓴다. 왜냐하면 5학년 정규 수학 교육과정에는 무리수의 개념이 아직 등장하지 않기 때문이다.

그런데 여기에서 한 발짝만 더 나가면 중등수학에서 처음 등장하는 '무리수'의 개념을 완벽히 이해시킬 수 있다. 다음과 같이 똑같은 문제에서 넓이를 5나 10, 15로 주는 것이다.

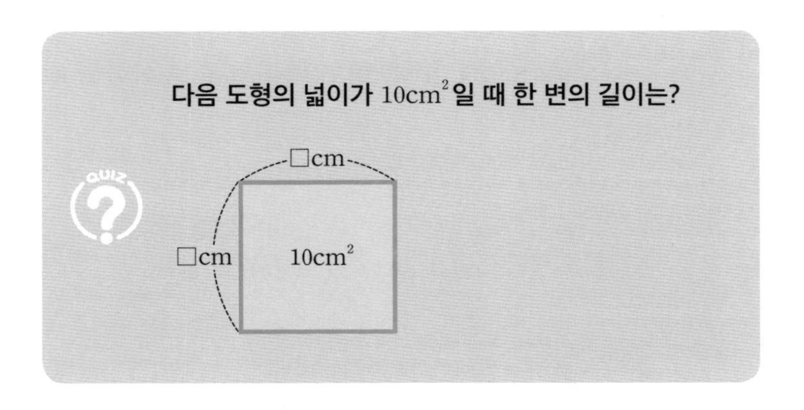

이런 문제를 주면 아이들은 거의 다 5라고 답한다. 물론 이런 대답을 한 아이들을 나무랄 필요는 전혀 없다. 아이들은 '똑같은 수'와 '10'이 연결되면 5만 떠올리는 게 당연하다. 여기에서 아이들에게 그냥 이렇게 물어보면 된다. "자, 그럼 한 변이 5cm인 정사각형의 넓이를 구해볼까?" 당연히 답은 $25\,cm^2$다. 아이들은 혼란에 빠진다. 분명히 문제에서는 넓이가 $10cm^2$라고 했는데, 한 변의 길이가 5cm인 정사각형의 넓이는 $25cm^2$이니, 어떻게 해야 할지 모르겠는 거다.

이때부터 수학 수업은 흥미진진해진다. 눈이 반짝반짝하면서 이런 궁리 저런 궁리를 해보느라 낑낑댄다. 바로 학부모들이 그토록 원하는 사고력수학과 창의력수학이 이루어지는 모습이다.

이제 칠판에 한 변의 길이가 3cm, 4cm, 5cm인 정사각형을 그리고, $9cm^2$, $16cm^2$, $25cm^2$라고 각각의 넓이를 써 넣는다. 그리고 첫 번째 정사각형과 두 번째 정사각형 사이에 넓이가 $10cm^2$인 정사각형을 그려 넣는다.

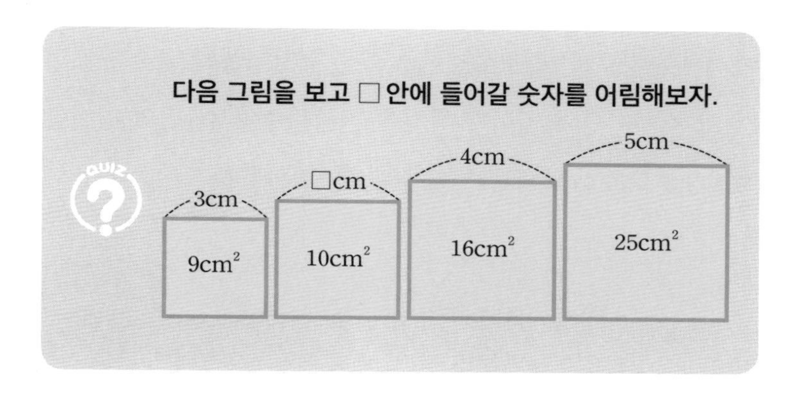

여기까지 하면 아이들의 눈은 더 빛난다. 눈치 빠른 아이들은 이렇게 말한다. "아, 선생님. 그럼 3과 4 사이에 있는 수니까 3점 얼마겠네요."

맞다. 여기에서 10에 루트를 씌워주면서 이 값이 10의 제곱근($\sqrt{10}$)이라는 것을 설명해주면 아이들은 중학교 3학년 수학에 나오는 제곱근 개념을 이해하게 된다. 단 한 번의 설명으로 완전히 모든 개념을 이해할 수는 없다고 하더라도 나중에 배워야 할 개념이나 원리의 씨앗을 미리 수업 중에 살짝 뿌려두면, 후에 그 과정을 배울 때 훨씬 잘 이해할 수 있게 된다. 이런 접근이 창의 사고력을 키우는 데 얼마나 큰 역할을 하는지, 경험해보지 않으면 상상하기 힘들 것이다. 정말 엄청난 효과가 있다.

만일 이 지점에서 아이들이 무언가를 더 원하는 눈치라면, 여기에서 가로와 세로의 길이가 다른 직사각형의 넓이를 주면서 그 직사각형과 넓이가 똑같은 정사각형의 한 변의 길이를 생각해보도록 유도해보자. 다음과 같은 문제다.

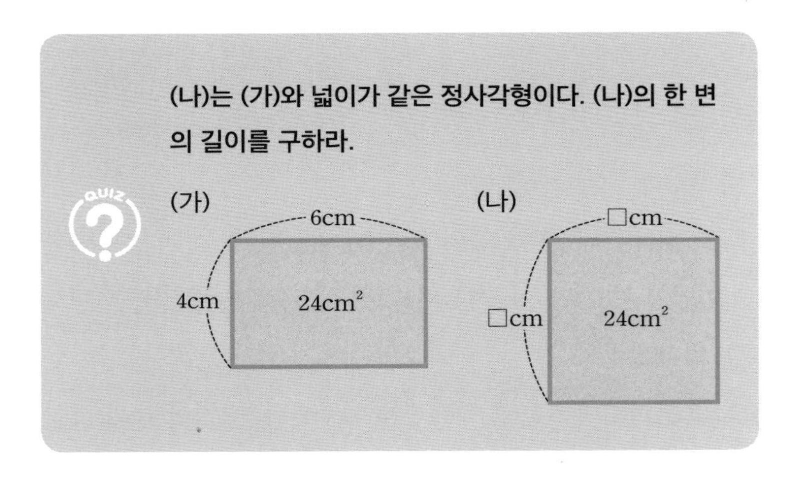

아이들은 더욱 창의적이고 깊은 사고력을 키울 수 있는 수학의 새로운 영역에 다다르게 된다. 바로 기하평균 개념이다. 이는 수열의 양대 산맥인 등차수열과 등비수열의 여러 중심 개념 중 등비수열에서 연속으로 이어지는 3개 항 사이의 특별한 관계를 나타내는 매우 중요한 개념이다. 수열에서는 등비중항이라고 부르지만 기하평균이라고도 하는데, 이는 사실 주어진 직사각형의 넓이와 똑같은 넓이의 정사각형의 한 변의 길이를 어떻게 구해야 하는지를 생각하면서 접근하면 그 개념 및 원리를 정확히 이해하는 데 큰 도움이 된다.

고등수학 시험에도 자주 등장하며 실전에서 문제 해결의 핵심 키를 찾도록 도와주는 등비중항(기하평균)의 개념과 원리까지 확장할 수 있도록 잘 이끌어내면, 그날 하루 수업에 초5 정사각형의 넓이와 한 변의 길이, 중3 무리수(제곱근), 고등수학 2학년 수열 중 등비수열 및 등비중항(기하평균), 그리고 부등식과 절대부등식까지 약 4~5년을 관통하는 수학의 여러 과정과 단원들의 핵심 개념과 원리를 자연스럽게 접하며 정리할 수 있다. 향후 배워야 하는 정규 교과수학의 큰 줄기를 잡아내며, 나무가 아닌 숲을 보는 진짜 수학을 경험할 수 있게 된다. 앞으로 나올 단원에 대한 이해의 씨앗을 뿌려놓아 나중에 정식으로 배울 때 이해에 크나큰 도움이 되는 것은 덤이다.

다만 이렇게 종으로 횡으로, 날줄과 씨줄로 연결하는 수업은 아이에게 부담이 될 정도로 밀어붙여서는 절대로 안 된다. 어설프게 이리저리 연결해보겠다고 시도하다가 설명이 어려워지고 스스로도 그 확장성을 감당하지 못해 설명도 정리도 잘 안 되는 사태가 벌어지면 곤란하다. 아이들의 수학에 대한 호기심이나 즐거움을 끌어내는 게 아니라, 어렵고 복잡한 수학에 오만 정이 떨어져버리는 부작용이 생길 수도 있으니 이 부분은 최대한 재미있고 쉽게 설명할 수 있는 자신이 있을 때 시도해야 한다.

앞에서도 강조했지만, 어설픈 선행은 안 하느니만 못한 것이다. 어설픈 연계 수학은 아이들의 머리를 더 복잡하게 만들고, 안 봐도 될 무리수 귀신, 제곱근 귀신, 수열 귀신들을 미리 보게 만들 수도 있으니 주의해야 한다.

정리하자면, 어떤 정사각형의 넓이가 주어졌을 때 그 정사각형의 한 변의 길이는 그 넓이의 '양의 제곱근'이다. 루트는 정사각형과 떼려야 뗄 수 없는 불가분의 관계에 있다. 넓이가 10인 정사각형의 한 변의 길이는 3.162277⋯(분수로 나타낼 수 없는 무한소수)이다.

$\sqrt{4}=2$

$\sqrt{9}=3$

$\sqrt{10}=3.16227766916\cdots$

$\sqrt{16}=4$

$\sqrt{25}=5$

이게 창의수학이다. 기하와 대수를 단순히 분리해서 가르치는 계통수학과는 결이 다른 수학이다. 교과수학에서 숫자 하나만 바꿨을 뿐인데, 훨씬 상위 개념인 제곱근을 이해하게 된 것이다. 단 5분의 대화로 아이들의 수학적 수준은 어마어마하게 높아진다.

이제 다음 단계로 진입한다. 아이들에게 전자계산기나 휴대전화에 있는 계산기 앱을 열어보라고 한 다음 $\sqrt{10}$을 누르는 법을 알려준다. 그러면 계산기 창에 3.16227788916이라는 숫자가 뜬다. 이게 $\sqrt{10}$이라는 것을 가르쳐준 다음, 거꾸로 $\sqrt{10}$을 두 번 곱해보자고 한다. 소수점 아래 두 자리에서 잘라서 3.16이라는 숫자를 두 번 곱해보라고 하는 것이다.

$$3.16 \times 3.16 = 9.9856$$

10에 가깝기는 하지만 딱 10은 아니다. $\sqrt{10}$은 3보다 크고 4보다는 작은 무한소수이기 때문이다. 제곱해서 10이 되는 수는 3.16227788916이 아니다. 그 이후에 숫자가 끝도 없이 계속된다. 숫자 뒤에 붙은 점 세 개는 숫자가 끝도 없이 계속된다는 것을 의미한다.

여기까지 설명하면 아이들은 눈을 반짝반짝하며 “언제까지

요? 100자리까지 가요?" 그럼 나는 이렇게 대답한다. "지구 끝까지, 우주 끝까지 숫자가 계속돼. 이걸 '끝이 없는 소수'라고 해서 '무한소수'라고 해. 그리고 일일이 숫자로 나타내는 건 무리여서 '무리수'라고 하지. 아, 이건 조크야. (웃음) 여기에서 수학자들이 고민을 한 거야. 분명히 있는 수인데, 숫자로 나타낼 수가 없어. 그래서 그런 숫자에는 제곱해서 나오는 수에 간단하게 루트를 씌우자고 약속을 한 거지."

여기까지 설명한 후 아이에게 다시 문제를 낸다. "넓이가 5인 정사각형의 한 변의 길이는 뭘까?" 개념을 이해한 아이는 생각할 것도 없이 바로 대답한다. "루트 5요."

이제 다음 단계다.

"아까 내가 $\sqrt{10}$ 이 숫자로 나타내는 게 무리라서 '무리수'라고 설명했지? 사실 무리수는 한자로 '없을 무' '나눌 리', 그러니까 '나누기로 나타낼 수 없는 수'를 말해. 바로 분수로 나타낼 수 없는 수를 말하는 거지. 분수는 나누기라고 배웠지? 분자를 분모로 나눈 값을 나타내는 게 분수잖아. 그래서 $\sqrt{10}$ 은 무한소수이고 무리수야. 이 무리수 중 제일 유명한 것 중 하나가 '파이'거든. π라고 써. 이건 뭐냐면 원의 둘레를 지름으로 나눈 값인데, 이 숫자도 3.1416……처럼 끝도 없이 계속되는 소수거든."

한 수업 시간에 정사각형의 넓이를 구하는 문제에서 시작해 제곱근, 무리수, 파이까지 이해할 수 있도록 길잡이를 한다. 아이들의 수학적 사고력은 엄청나게 확장한다. 당연히 나중에 루트나 파이 기호를 봐도 두렵거나 당황하지 않는다. 그리고 한마디 더 얹어준다. "너 오늘 중학교 3학년 언니 누나 오빠 형이 푸는 문제를 푼 거야."

아이의 수학적 자신감이 퐁퐁 솟아난다. 중학교 문제집을 던져줘도 할 수 있을 것 같은 생각이 샘솟는다. 수학은 이렇게 공부해야 한다. 초등학교 때 이런 개념을 머릿속에 넣어둔 아이와 그렇지 않은 아이는 중등수학을 만나는 태도가 하늘과 땅 차이다. 수학에 대한 자신감이 하늘을 찌른다.

초등수학에서는 정사각형의 넓이를 구하는 문제에서 보통 4나 9, 16, 25만 나온다. 이런 문제에서 10을 던져줘보자. 아이들의 지적 호기심이 폭발하고, 이때 형성된 뉴런과 시냅스는 응용 사고와 창의력에 엄청난 능력을 발휘하게 된다. 교과수학이 사고력수학, 창의력수학으로 바뀌는 순간이다.

문자와 식,
수학이 아름다워지는 순간

중학교 1학년 과정에 진입하면 배우는 '문자와 식'은 내가 너무나 강조하는 단원이다. 진짜 고차원 수학으로 가는 입문이 바로 이곳이다.

다음을 한번 생각해보자.

$$2\times3=6$$
$$a\times b=ab$$

2 곱하기 3은 6, 이게 초등수학의 세계라면 a 곱하기 b는 ab, 이게 중등수학의 세계다. 왜 숫자를 곱할 때는 '곱하기' 기

호를 쓰는데 문자를 곱할 때는 '곱하기' 기호를 생략하는 걸까? 이런 생각을 해본 적이 있는가?

또 있다.

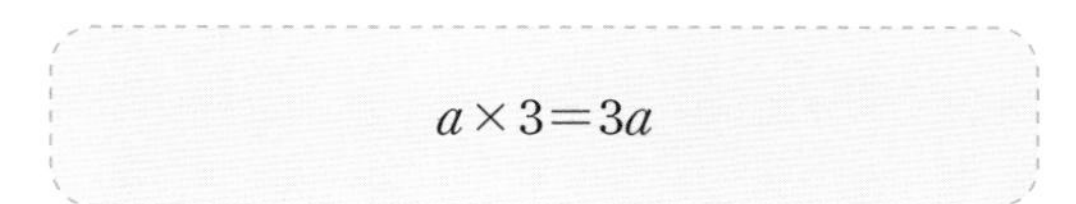

$$a \times 3 = 3a$$

왜 a랑 3을 곱하면 $a3$이 아니라 $3a$일까? 왜 숫자를 먼저 쓰는 걸까? 이럴 때 "그냥 그러는 거야. 수학은 원래 이유가 없어. 외워."라고 설명하겠는가?

내가 '문자와 식' 부분을 강조하는 이유가 바로 이것이다. 초등수학은 숫자의 세계고, 고등수학은 문자의 세계다. 중등수학은 그 교두보 역할을 한다.

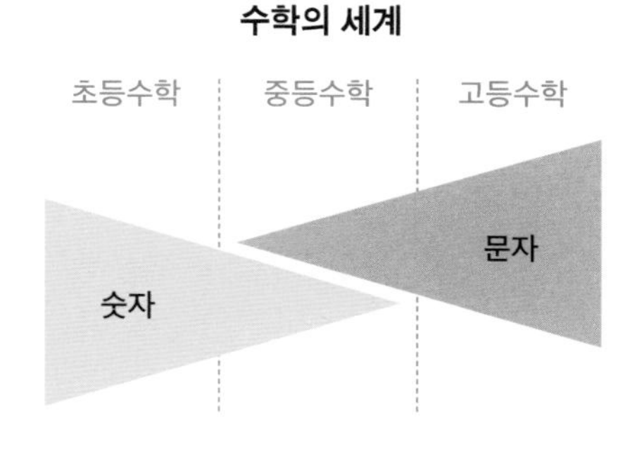

초등수학과 고등수학은 '세계'가, '차원'이 다르다. 숫자의

세계에서 문자의 세계로 넘어가는 가장 중요한 의식 같은 단원이 바로 '문자와 식'이다. '문자와 식'을 잘 다진 아이들은 이후 진행되는 일차함수, 방정식, 부등식 등의 단원에 수월하게 진입할 수 있다. 이 부분을 제대로 이해하지 못하면 문자를 주로 다뤄야 하는 고등수학에서는 '폭망'이다.

숫자를 다루는 룰과 문자를 다루는 룰은 완전히 다르다. 이를테면 곱하기 기호의 문제다. 숫자를 곱할 때 곱하기 기호를 빼면 완전히 다른 숫자가 나온다. 2×3에서 곱하기 기호를 빼면 23이라는 전혀 다른 숫자가 나오는 것처럼 말이다. 그러나 $a \times b$에서 곱하기 기호를 빼면 아무런 변화가 없다. $a \times b \times c \times d$라고 곱하기 기호를 모두 넣는 것보다 $abcd$가 간결하기 때문에, 수학의 본질은 '단순화'기 때문에 곱하기 기호를 생략하는 것이라는 이야기를 반드시 해줘야 한다.

이런 시시콜콜한 이야기를 꼭 해줘야 하는지 잘 모르겠다고 생각하는가? 그러나 그건 곱의 기호를 왜 맘대로 빼버리는지 의아해하는 아이의 혼란을 헤아리지 못하는 것이다. 아이의 눈높이에서는 숫자의 세계에서 늘 사용하던 곱의 기호가(심지어 초등수학에서는 기호를 빼먹으면 안 된다고 강조하고 또 강조한다) 갑자기 막 생략된다는 것이 처음에는 쉽게 받아들여지지 않고 이상하게 느껴진다. 내가 항상 아이들의 눈높이에서 아이들의 생각을 헤아려야 한다고 강조하는 이유다.

그리고 $a\times3$에서 곱하기 기호를 생략하면 $a3$이 아니라 $3a$가 되는 것은 3이라는 숫자는 확정된 것이고 a라는 문자는 확정되지 않은 상수 또는 미지수이므로 확정된 것을 먼저 쓰면 여러 문자가 포함된 식의 전개 과정에서 동류항끼리 묶고 더하는 문자들의 가감승제 과정에서 가장 직관적으로 분류, 정리하기 쉽도록 해주기 때문이다.

고등수학 대부분의 구멍은 인수분해로 메운다

초등, 중등, 고등마다 다음 과정으로 넘어갈 수 있는지 없는지를 가르는 가장 중요한 포인트가 있다. 초등수학에서는 '가감승제'가 가장 중요하다. 가감승제로부터 모든 게 시작되기 때문이다. 보통 가감승제라고 하면 그게 뭐 그렇게 특별하냐면서 심드렁하다. 그런데 '분수' 얘기를 하면 귀를 쫑긋한다. '그래, 분수 정도는 돼야 수학이지'라면서 말이다.

초등학교 때 수학을 포기하는 아이들은 대부분 분수에서 무너진다. 분수를 못해서 수포자의 길로 들어서는 아이들이 많다. 그리고 분수를 못한다는 건 가감승제 중 '제', 즉 나누기를 못한다는 뜻이다. 넷 중에 하나에 구멍이 났으니 그 다음 단계로 진입하지 못하는 건 당연하다.

중학수학에서는 '문자와 식'과 3학년 때 나오는 '인수분해'가 중학수학의 50퍼센트다. 인수분해는 구구단과 똑같다. 구구단을 못하면 초등수학을 할 수 없고, 당연히 중학수학도 할 수 없다. 인수분해는 문자의 구구단이다. 인수분해를 그냥 '중3 1학기에 나오는 5개 단원 중 하나'로 가볍게 생각하고 설렁설렁 넘어가서는 고등수학은 시작도 하기 전에 고꾸라질 수밖에 없다. 도대체 인수분해가 뭐길래 그러는 걸까?

$3\times3=9$

이건 구구단이다. 이 식을 거꾸로 해보자.

$9=3\times3$

이게 인수분해다.

숫자끼리는 변환이 바로 가능하다. 9를 보면 3과 3을 곱했다는 것을 알 수 있다. 그런데 문자로 이루어진 식을 보고 곱셈식을 알아내기는 어렵다. 예를 들어 a^2-b^2라는 문자식을 보고 $(a+b)(a-b)$라는 곱셈식으로 변환시키는 것이 바로 인수분해인데, 9를 보고 3×3을 떠올리는 것처럼 a^2-b^2를 보고 $(a+b)(a-b)$를 바로 떠올리게 해주는 게 인수분해 공식이다.

그래서 인수분해 공식은 문자의 구구단이라는 것이다. 인수분해를 못하면 문자식의 약분, 통분, 방정식, 함수, 수열, 극한 등 문자 중심의 고등수학 대부분의 단원에서 발목이 잡힌다. 마치 초등수학에서 구구단을 못하면 아무것도 할 수 없는 것과 같은 이치다.

인수분해 단원을 공부할 때는 무조건 공식부터 외우게 하는 게 아니라 먼저 이런 개념을 넣어주어야 한다. 이게 마중물이다. 인수분해 공식은 중학교 때 6, 7개에서 고등학교 때 10개가 넘어가고, 변형까지 합치면 2, 30개에 달한다. 이유도 목적도 모르는 채 이 많은 공식을 무조건 외워야 한다면 얼마나 고통스럽겠는가!

소인수분해와 인수분해의 차이로 접근하라

인수분해를 처음 배울 때 대부분 선생님들은 인수분해 공식을 칠판에 쓰고 먼저 외우게 한다. 그러나 인수분해 첫날 내 강의실 칠판에는 '소인수분해'와 '인수분해'라는 말이 쓰여 있다.

정의를 알고, 용어를 이해해야 하기 때문이다.

소인수분해와 인수분해의 정의를 물으면 대부분 “소인수로 분해하는 것”과 “인수로 분해하는 것”이라고 대답한다. “분해는 뭘까?”라고 물으면 “나누는 것”이라고 대답한다. 이건 정의가 아니다. 단순히 용어를 반복한 것일 뿐이다.

정확하게 다시 표현하면, 소인수분해는 다음과 같이 어떤 수를 ‘소인수들의 곱’으로 나타내는 것이다.

$$12=2\times2\times3$$

여기에서 가장 중요한 포인트는 소인수다. 왜 $12=4\times3$이라고 하면 소인수분해가 아닐까? 소인수는 소수이면서 인수인 수인데, 4는 인수이지만 소수가 아니기 때문이다. 다시 말해 소인수분해는 ‘더 이상 나눌 수 없는 수로 쪼개서 곱으로 나타내는 것’이다. ‘곱’이 가장 중요한 핵심이다.

그렇다면 인수분해는? 같은 원리다. 다항식을 다항식(또는 단항식)들의 ‘곱’으로 나타내는 것이 인수분해다.

$$12=3+3+3+3$$

이건 12를 12의 소인수인 3으로 네 번 분해했지만, 이 식은 소인수분해라고 하지 않는다. 곱으로 분해한 것이 아니기 때문이다.

$$12=5+7$$

12는 5와 7이라는 소인수의 합이기도 하지만, 이 식은 소인수분해라고 하지 않는다. 곱이 아니기 때문이다. 다항식에서도 마찬가지다.

$$a^2-b^2=a^2+2-b^2-2$$

이렇게 합과 차로 표시하면 왼쪽의 식과 오른쪽의 식 사이에 등호는 성립하지만 인수분해는 아니다. 곱으로 분해되지 않았기 때문이다. '곱'이 인수분해의 가장 중요한 포인트다.

$$a^2-b^2=(a+b)(a-b)$$
$$(a+b)(a-b)=a^2-b^2$$

첫 번째 식이 인수분해고, 이 식의 좌우를 바꾼 것이 곱셈공식이다. 그래서 곱셈공식과 인수분해는 한 몸이다. 동전의 앞과 뒤다. 이 둘은 함께 익혀야 한다.

그런데 이렇게 인수분해를 잘 해내려면 구구단을 외우는 것처럼 공식을 외워야 한다. a^2-b^2를 보자마자 '$(a+b)(a-b)$'를 떠올리는 것은 외우지 않고는 힘들기 때문이다. 곱셈공식은 그냥 전개하면 구해낼 수 있으니 인수분해보다는 접근이 쉽다.

이 개념을 머릿속에 넣고 나면 문제풀이 최적화의 새로운 세상이 열린다. 문제 하나를 예로 들어 살펴보자.

$$a^3(b-c)^3+b^3(c-a)^3+c^3(a-b)^3$$

자, 이 식을 보고 어떤 문제가 떠오르는가? 이 식은 곱셈공식 문제일까, 인수분해 문제일까? 이 식을 칠판에 쓰고 아이들에게 질문을 하면 대부분 당황한다. 인수분해의 정의가 머릿속에 없기 때문이다. 지금까지 비슷한 유형의 식들을 많이 풀어 봤지만, 사실 이 식이 인수분해를 해야 하는 식인지 곱셈공식으로 변형해야 하는 식인지 또는 그냥 한 문자에 대해 정리해야 하는 식인지를 어떻게 구별해야 하는지 배운 적도, 생각해 본 적도 없기 때문이다.

인수분해에 대한 정의와 개념을 잘 파악하고 있다면 이 식을 보자마자 '인수분해가 안 돼 있는 무질서한 식이구나'라는 생각을 해야 한다. 따라서 이 문제는 '인수분해를 하라'라는 문제라는 것을 바로 알아챌 수 있다.

그러나 인수분해의 정의와 개념, 곱셈공식과의 유사점과 차이 등에 대한 완벽한 이해 없이 무작정 곱셈공식과 인수분해 문제를 영혼 없이 풀어왔던 학생이라면 그냥 아무 생각이 안 난다. 복잡해 보이는 식이지만 인수분해가 되어 있는 식인지 아닌지, 전개를 해야 하는 식인지 아닌지 전혀 알고 싶어 하지도 않고 알 수도 없기 때문이다.

이런 교육 현실에 안타까운 마음뿐이다. 자, 이제 찬찬히 이 문제를 풀어보도록 하자. 먼저 첫 번째 방식이다. 대부분의 참고서에서 이렇게 풀이를 하고, 아이들도 이렇게 푼다.

$$
\begin{aligned}
&a^3(b-c)^3+b^3(c-a)^3+c^3(a-b)^3\\
&=a^3(b^3-3b^2c+3bc^2-c^3)+b^3(c^3-3c^2a+3ca^2-a^3)\\
&\quad+c^3(a^3-3a^2b+3ab^2-b^3)\\
&=a^3b^3-3a^3b^2c+3a^3bc^2-a^3c^3+b^3c^3-3ab^3c^2+3a^2b^3c\\
&\quad-a^3b^3+a^3c^3-3a^2bc^3+3ab^2c^3-b^3c^3\\
&=3abc(-a^2b+a^2c-b^2c+ab^2-ac^2+bc^2)\\
&=3abc\{a^2(c-b)+a(b^2-c^2)+bc(c-b)\}
\end{aligned}
$$

$$=3abc\{(c-b)a^2-a(b+c)(c-b)+bc(c-b)\}$$
$$=3abc(c-b)\{a^2-(b+c)a+bc\}$$
$$=3abc(c-b)(a-b)(a-c)$$
$$=3abc(a-b)(b-c)(c-a)$$

인수분해 문제 중 유명한 문제지만 난이도가 그렇게 높은 문제는 아니다. 그런데 식을 보자마자 숨이 찬다. 2차식보다 훨씬 복잡한 3차식이다. 눈이 빙글빙글 돌아간다. 이 문제는 한마디로 문자를 다루는 연습을 시키는 문제다. 이 과정에서 식을 풀어 헤치고 마지막 답까지 나오는 과정까지 실수를 전혀 하지 않으려면 엄청나게 꼼꼼하게 집중해야 한다. 풀이 과정을 잘 안다고 해도 풀이 과정 중에 실수를 하지 않기 위해 인내심과 끈기를 장착해야 한다는 말이다.

물론 인수분해의 중요 해결 원리 중 하나인 '한 문자로 정리하라'를 적용해야 한다는 것을 머릿속에 떠올려야 함은 그 모든 과정의 첫 단추이다.

이렇게 문제를 푸는 데 장황한 문자식 정리를 비교적 잘하는 아이들은 3분에서 4분 정도 걸리고, 보통 아이들은 이렇게도 풀었다가 저렇게도 풀었다가 좌충우돌하면서 대략 7분에서 10분이 걸린다.

그런데 이 풀이 과정에는 세 가지 큰 걸림돌이 있다. 첫째, 주어진 식을 처음에 다 일일이 헤쳐놓으면 그 긴 식을 보고 다음 과정을 진행할 엄두가 안 난다. 기가 죽고 주눅이 들어 중간에 지레 겁먹고 포기하고 싶어진다. 수학과의 기 싸움에서 패배하는 것이다. 둘째, 시간이 너무 오래 걸린다. 셋째, 긴 식의 분류와 정리 과정에서 인내심을 갖고 끝까지 답을 구해낸다고 하더라도 연산 실수, 부호 실수 등을 저지르기 쉽다.

정말 수학을 잘하는 아이들은 이 문제를 맞닥뜨리면 5초에서 10초쯤 노려본다. 머릿속에서 이 식 전체를 전개해서 한 문자로 정리해나가는 방법을 당연히 떠올리기는 하지만, '이거 이렇게 하면 너무 오래 걸리겠는데? 이렇게 풀면 틀릴 수도 있겠어'라는 판단을 한다. 그리고 빨리 다른 접근, 다른 방법을 찾는다. 절대로 아무 고민 없이 장황한 풀이 방법에 바로 진입하지 않는다. (물론 고민하는 시간은 짧아야 한다.)

인수분해의 정의를 정확히 이해하고 완벽히 자기 것으로 체득한 아이들은 그 정의를 창의적으로 이용하면 이 문제를 획기적으로 간단하게 풀 수 있음을 알아챈다. 앞에서 강조했듯이 인수분해는 다항식을 (단)다항식들의 곱으로 나타내는 것이다. 그 정의를 역이용하는 멋진 방법이다.

$a^3(b-c)^3+b^3(c-a)^3+c^3(a-b)^3$

위 식에서

$a(b-c)=A$, $b(c-a)=B$, $c(a-b)=C$로 치환하면

우리가 인수분해를 해야 하는 복잡한 식은

$A^3+B^3+C^3$으로 간단히 나타낼 수 있게 된다.

그런데 $A^3+B^3+C^3$이 들어가는 인수분해 공식이 있다.

$A^3+B^3+C^3-3ABC$

$=(A+B+C)(A^2+B^2+C^2-AB-BC-CA)$

여기서 $A+B+C=0$이므로 위의 긴 식이 간단하게

$A^3+B^3+C^3-3ABC=0$이 되며 3ABC를 우변으로 이항하면

$A^3+B^3+C^3=3ABC$가 된다. 주어진 식 $(A^3+B^3+C^3)$을

드디어 '곱'(3ABC)으로 분해했다. 끝이다.

이제 앞에서 치환했던 A, B, C를 원래 식으로 환원해서 그대로 적으면

3ABC는 $3abc(a-b)(b-c)(c-a)$다. (답이다!)

어떤가? 수학 문제는 이렇게 푸는 것이다. 수학 문제는 이렇게 접근할 수 있도록 노력해야 한다. 항상 이렇게 시도하고 도전해야 한다. 이 풀이 방법은 서술형 문제에 대한 풀이법으로도 아무런 손색이 없다. 학교에서 배운 인수분해 공식으로 식을 다 전개하지 않고도 완벽하게 교과과정 내에서 풀어낸

방법이기 때문이다. 문제풀이 최적화는 '야매'나 '숏컷', '비법'과는 전혀 다르다. 근본 없이 잠깐 편하자고 엉터리 '숏컷'으로 접근하게 되면, 왜 그렇게 풀어야 하는지, 수학적인 근거는 무엇인지 등을 전혀 모른 채 답만 맞추려 하는 부실한 헛공부를 하게 되는 것이고, 그런 '숏컷'은 대부분 독이 된다.

교육과정 내에서 창의적으로 접근하거나, 나중에 배울 정규 교과과정을 이용해 검산에 적용하는 '문제풀이 최적화'라는 도구를 장착하면 수학 문제를 다루는 차원이 달라진다. 특히 실전이라면 더더욱 그렇다. 다른 아이들이 5분 동안 끙끙거리는 동안 이 아이는 풀이 방법을 생각하는 시간을 포함해 30초도 채 걸리지 않는다. 게다가 이 방법은 연산 실수를 하고 싶어도 할 수가 없다.

긴 연산을 남들보다 빨리 계산해서 문제풀이 시간을 줄인다고 생각하는가? 정말, 장황한 풀이 과정 그대로를 거치면서 연산 시간을 줄이면 문제풀이 시간이 줄어든다고? 아니다. 설령 줄인다 한들 얼마나 줄일 수 있겠는가? 실수는 계속 피해갈 수 있겠는가?

한참 방향을 잘못 잡은 답답한 접근이다. 연산을 길게 장황하게 하면서 동시에 빨리 풀겠다는 건 실수를 피할 수 없다는 말이나 마찬가지다. 이런 답답한 저차원적 방법이 아닌, 아예 차원이 다른 풀이 방법을 창의적으로 생각하고 응용해보면서 풀이 과정 자체를 간결하고 명쾌하게 만들 수 있는 '문제풀이 최적화'로 접근하는 것, 그것이 수학하는 즐거움과 생각하는 재미를 느끼게 해주는 수학 공부의 '핵'이다. 이 문제에서의 문제풀이 최적화는 인수분해의 정의를 완전히 체득한, 진짜 수학 공부를 제대로 해낸 학생만이 접근할 수 있는 최상의 경지다.

어떤가? 인수분해의 정의와 개념을 완벽하게 머릿속에 넣고 있는 아이와 그렇지 않은 아이의 차이는 이렇게 크다. 그런데 대부분 인수분해가 뭔지 정확히 모르고 기계적인 풀이만 계속한다. 이런 아이들은 인수분해 문제를 열심히 풀었는데, 끙끙거리며 '헤쳐모여'를 했는데 마지막 답에 플러스랑 마이너스가 들어가 있다. 그러면 당연히 오답이다. 무조건 곱으로 연결되어 있어야 하기 때문이다.

그런데 뭐가 잘못됐는지를 모른다. 인수분해의 정확한 정의를 모르기에 정리된 식이 인수분해가 된 식인지 덜 된 식인지를 판단할 길이 없기 때문이다. 참으로 안쓰러운 상황이다. 도대체 그렇게 많은 문제풀이로 무엇을 배웠단 말인가?

보석 같은 식을 만들기 위한 인수분해

수학에서 플러스와 마이너스로 이루어진 다항식은 무의미한 식이다. 그런데 그 식이, 플러스와 마이너스가 빠지고 곱으로 연결되는 순간, 이 식은 세상에서 가장 유의미한, 가치 있는 식이 된다. 한마디로 어지럽게 흩어져 있는 구슬을 잘 꿰어서 보배를 만드는 수학의 핵심 과정이 바로 인수분해다.

아이들에게 이런 이야기를 해주면 아이들은 "이 지긋지긋했던 인수분해가 그 정도로 큰 의미가 있었던 거야?"라면서 신기해한다. 인수분해를 바라보는 눈이 달라진다. 수학에서 문자로 이루어진 식은 곱의 꼴로 만들어지는 순간부터 무엇이든 할 수 있게 된다. 방정식도, 함수도, 미적분도, 삼각함수도, 수열도 인수분해 없이는 불가능하다.

또 인수분해의 정의를 알지 못하면 아무리 인수분해 문제를 풀어도 어려운 문제를 만나면 손도 못 대기 일쑤고, 더 중요하게는 '인수분해라는 엄청난 도구'를 사용하는 방법을 모르게 된다.

그래서 인수분해는 대수의 단원 하나에 불과한 게 절대로 아니다. 귀찮거나 복잡하다고 빨리 대충 다음 단원으로 넘어가려는 얕은 잔꾀를 부려서도 안 된다. 인수분해는 고등수학 전체를 아우르는 '수학의 어머니' 같은 존재다. 문자의 세계인 고등수학에서 문자로 만들어진 다항식을 (단)다항식의 곱으로 만들어내는 인수분해를 모른다는 것은 문자로 만들어진 수학의 세계에서 뛰어노는 것은 고사하고 진입조차 불가능하다는 것을 의미한다.

인수분해를 정복하면 수학 인생이 편해진다. 아이가 고등수학에서 무너지는 가장 큰 이유 중 하나가 바로 인수분해가 잘 안 돼서다. 아이가 수학에 문제가 있다면 절반의 확률로 인수분해가 무너져 있을 가능성이 크다. 만약 그렇다면, 지금 아이가 몇 학년이든 간에 인수분해를 제대로 다지고 넘어가야 한다.

미적분과 확률통계를 아우르는 함수의 개념 잡기

이런 문제를 생각해보자.

$y=2x^2+4x+4$의 그래프를 그려라.

x의 차수가 2이므로 이차함수다. 이차함수의 그래프를 그리려면 반드시 꼭짓점과 x절편과 y절편을 찾아야 한다. 그런데 꼭짓점을 찾으려면 이 식은 '무의미한' 식이다. 왜냐면 더하기와 빼기로 연결되어 있기 때문이다. 이 식을 '의미 있는' 완전제곱식으로 바꿔야 한다.

$$y=2x^2-4x+4=2(x^2-2x+1-1)+4$$
$$=2(x-1)^2-2+4=2(x-1)^2+2$$

이제 의미가 있는 식이 되었다. 이 이차함수의 꼭짓점은 (1, 2)다. 꼭짓점이 (1, 2)이고 y절편이 4이며 아래로 볼록한 곡선을 그리면 그래프가 완성된다. 그리고 직접 이 함수의 그래프를 그려보면 x축과 만나지 않는다는 사실도 알 수 있다. 이차함수의 식이 인수분해가 된다면 그 해가 x절편(x축과 만나는 점)이 되는데, $y=2x^2-4x+4$는 실수 범위에서는 인수분해가 되지 않기 때문에 x 축과 교점이 생길 수 없다.

예를 들어 $y=x^2+x-6$이라는 함수가 있다면 이 식은 $(x+3)(x-2)$로 인수분해가 되고, 이 함수의 x절편은 -3과 2이다. 즉, (2, -3)을 지나는 아래로 볼록한 곡선이 이 함수

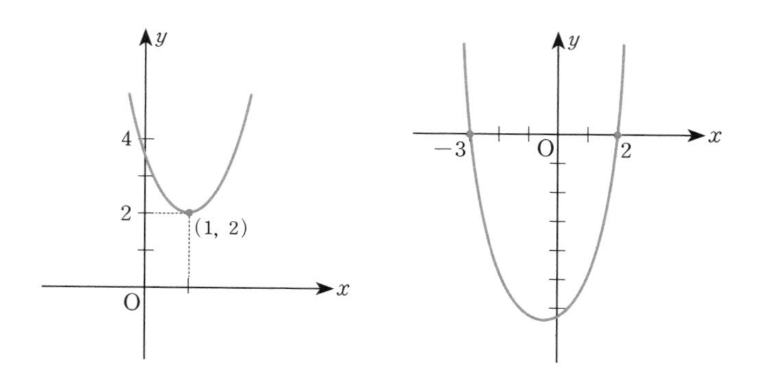

의 그래프가 된다. 그런데 $y=2x^2-4x+4$라는 식은 실수 범위에서 인수분해가 되지 않으므로 실수 범위에서 x절편과 만나지 않는다는 설명이 가능하다. 거꾸로 이 그래프는 실수 범위에서 x절편과 만나지 않으므로 인수분해가 안 된다는 것을 알 수 있다고 설명할 수도 있다. 이차방정식과 이차함수의 연결이다. $y=0$인 점이 x절편인데, x에 관해 정리한 식이 0이 되면 그것이 바로 방정식이기 때문이다. (허수 범위에서는 인수분해가 된다. 나중에 배울 '근의 공식'을 활용하면 복소수 범위의 인수분해가 된다.)

인수분해를 모르면 방정식도, 함수도 할 수 없다는 말이 이해가 가는가? 이차함수 문제를 못 푸는 아이에게 이차함수 문제를 100개, 200개를 풀려봤자 실력이 안 느는 이유가 바로 여기에 있다. 인수분해가 안 돼서 이차함수가 무너지는 경우가 많기 때문이다.

중학수학이 힘들다는 아이들 열 명에게 어느 단원이 제일 힘드냐고 물어보면 열 명 중 다섯 명이 '함수'라고 이야기한다. 그리고 그 아이들 중 반은 인수분해에서 구멍이 나 있는 경우이고, 나머지 반이 함수라는 것의 정의를 모르는 경우다.

인수분해를 모르고 인수분해 문제를 푸는 것처럼, 함수를 모르고 함수 문제를 푸는 아이들이 너무 많다. 아이들에게 함수가 뭐냐고 물으면 대부분 이렇게 대답한다. "x랑 y를 구하는 거예요." 왜냐면 함수를 가르칠 때 모든 선생님들이 칠판에 x와 y를 써놓고 시작하기 때문이다. 또 그 다음 나오는 대답이 "상자에 x를 넣으면 y가 나오는 거예요."이다. 나는 이건 정말 안 된다고 생각한다.

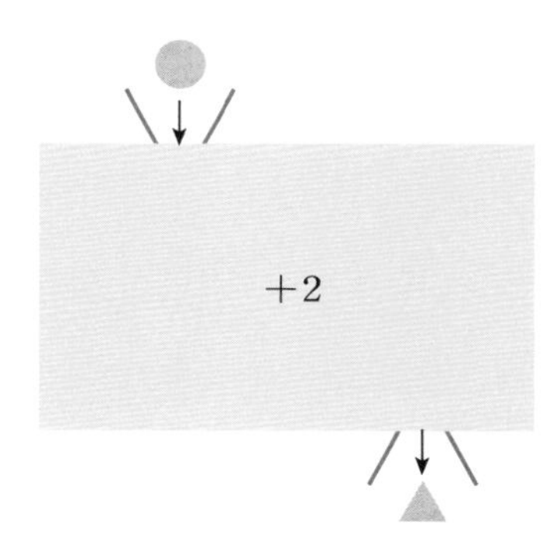

함수는 정말 중요한 단원이다. 중학교 1학년 수학에서 처음 등장해 2학년, 3학년을 거쳐 고등학교 가면 아예 대다수가 함수라고 해도 과언이 아니다. 수능 시험 문제 중 가장 많은 비중을 차지하는 것이 함수 문제다. 이렇게 중요한 개념을 배우면서 '함수가 무엇인지'에 대한 이해가 없다는 게 말이 되는가?

상자를 이용한 설명은 함수라는 한자에 억지로 끼워 맞춘 설명이다. 함수의 '함'이 '상자 함'이기 때문에 상자를 이용해 설명한 것이다. 초등학교 때 이런 상자를 이용해서 함수를 배우다가 중등수학에 들어가니 상자는 어디론가 사라지고 어려워 보이는 좌표와 그래프가 등장한다. 아이들은 당황할 수밖에 없다. 식이 써 있는 상자를 거쳐 나오는 숫자를 쓰면 됐던 '만만한' 함수에서 직선, 곡선, 심지어 입체까지 등장하는 제일 골치 아픈 단원이 되는 것이다.

'함수'라는 말은 중국에서 들어왔다. 중국에서 함수를 函數라고 쓰기 때문이다. 그걸 들여온 우리나라 초기 수학 교육자들이 '아, 상자 안에 들어갔다가 오는 개념으로 설명하면 되겠구나' 하고 가져다 쓴 것이다. 그런데 정작 중국에서 함수는 상자와는 전혀 관계없는 유래를 가지고 있다. 영어 'function'과 가까운 발음이어서 '함'을 선택한 것뿐이다. 중국어로 '函數'를 읽으면 '펑스'가 된다. 중국에는 'function'을 뜻하는 한자가 없기 때문에 가장 가까운 발음을 지닌 한자를 빌어다 쓴 것이다.

그런데 초등학교 5학년 교과서에 보면 '규칙과 대응'이라는 단원이 나온다. 이게 바로 함수의 기본 원리에 가까운 표현이다. 함수는 변수가 변하면 결과값이 변하는 규칙을 가리킨다. 쉽게 설명하자면, 독립변수인 신랑이 a라면 어떤 규칙에 의해 반드시 치역 중 하나인 신부 b를 만나는데, 그들을 만나게 하는 규칙, 그것을 공부하는 학문이 바로 함수다. 허망하게도 함수의 근본 원리와 개념은 상자와는 아무런 관계가 없다.

오늘도 아이들은 함수라는 제목의 뜻도 모른 채 함수를 공부하고 있다. 나는 함수가 가장 우선적으로 바뀌어야 할 교육과정의 잘못된 제목 중 하나라고 생각한다. 제목은 그 이름에서 그 단원에서 배울 가장 기본적인 개념이나 방향을 파악하고 유추할 수 있도록 지어야 하지 않을까? 지금 교과서에 나오는 '함수'는 단원의 내용이나 원리, 개념 등을 연관짓거나 유추해낼 수 없는 구시대의 '잘못된 한자 이름'이다.

앞에서 함수는 규칙과 그 규칙을 따르는 대응을 다루는 분야라고 설명했는데, 그 규칙으로 미래를 예측할 수 있다는 점에서 이는 너무나 중요한 정의다. 그래서 인공지능, 일기예보, 주식 등 미래를 예측해야 하는 수많은 영역에 함수가 사용되는 것이다. 함수는 인류 역사에서, 그리고 현재와 미래에서 가장 중요한 역할을 하는 엄청난 수학적 개념이자 핵심 원리다. 함수의 위력은 실로 어마어마하다.

통계에서도 함수 개념이 필요하다. 통계의 표준정규분포라고 하는 것이 다 함수다. 확률이란 수많은 자료의 순서쌍을 연결한 후 다음에 올 수를 확률적으로 예측하는 것이며, 정규분포의 확률은 정규분포함수의 적분 값이기 때문이다. 그래서 적분을 배운 다음에 통계를 배우면 훨씬 이해도가 높아진다.

함수는 상자가 아니다

함수는 단순히 대학을 들어가기 위한 도구가 아니다. 아이들에게 "너 로그를 왜 배워? 함수는 왜 배워?" 하면 대부분 이렇게 대답한다. "대학 가려고요." 아니다. 이는 우리나라 수학 교육이 잘못돼도 한참 잘못된 결과다. 수학은 대학 가려고 억지로 공부하는, 가장 싫은 과목이 돼버렸고 나중에 사회에 나가면 더하기 빼기만 할 줄 알면 된다고 큰소리친다. 수학을 겨우 등수나 성적을 매기기 위해 존재하는 지겹고 어려운 학문으로 여기는 참담한 현실에, 수학 교육에 몸담고 있는 사람으로서 안타까울 따름이다.

드러나지 않을 뿐 우리가 살아가는 모든 것에 공기처럼 스며들어 있는 학문이 바로 수학이고, 로그고, 함수다. 예를 들어 기후를 예측하려면 매우 정교한 함수를 만들어야 한다. 그 함수가 정교할수록 예측의 정확도가 높아질 것이다. 슈퍼컴퓨터의 성능도 중요하지만, 정교한 함수가 예측의 정확도를 더욱 크게 좌우한다.

함수는 상자의 개념이 아니다. x가 들어가면 y로 변신해서 나오는 단순한 변환 개념이 아닌 것이다. 독립변수인 x가 주어진 규칙으로 종속변수인 y와 매칭하는 것이 함수이며, 그래서 독립변수는 홀로 존재하는 것이 아니라 커플로 정의되는 것이다. 함수를 배우기 전까지 수학은 대부분 변수 하나를 다루기 때문에 수직선에서 파악할 수 있었지만, 함수에서 드디어 두 변수 x(독립변수)와 y(종속변수)가 커플링으로 움직이며 바야흐로 좌표로 표현되는 멋진 그래프의 세계가 열리게 된다.

함수의 기반 위에서 탄생한 미적분(정확히는 미분적분함수)은 17세기 중반 영국의 뉴턴과 독일의 라이프니츠에 의해 각각 고안되었고, 이후 본격적으로 여러 학문 분야에 획기적인 기여를 했다. 그로 인해 인류는 특히 수학과 과학에서 비약적인 발전을 이루었다. 만약 이러한 수학적 발전이 없었다면 지금 인류의 삶은 어땠을까?

함수를 못하는 아이들은 문자 1개, 즉 일차방정식에서 문자가 2개로 늘어나는 이차방정식과 순서쌍이 함께 움직이는 것에 적응하지 못하는 경우가 대부분이다.

여기서 '움직인다'는 표현에 주목해보자. 함수를 배우기 전까지 문자로 표현되는 미지수들은 움직이지 않는 고정된 값이다. 우리가 그것들을 찾아내기 전까지는 특정할 수 없는 것이고, 문제 해결 과정을 거쳐 그 값을 찾아내면 '해를 구했다'고 하며 특정할 수 있게 된다. 이 해는 움직이지 않는 '정해진 값'이다.

미지수 2개가 존재하는 연립일차방정식에서도 문자가 하나 더 늘어나 해가 추가되기는 하지만, 여전히 고정된 값이다.

그러나 함수는 근본적으로 다르다. 함수에서 등장하는 문자들, 이를테면 x나 y 등의 변수(상수가 아니라 변수다!)들은 이름 그대로 '변수'다. 일차함수에서는 그 변수들의 순서쌍이 일직선을 이루며 움직이게 되기 때문에 직선 모양의 그래프로 그려지는 것이고, 이차함수에서는 그 순서쌍들이 곡선을 그리며 움직이게 되어 그래프가 포물선으로 그려지는 것이다.

즉, x나 y 등 똑같이 생긴 문자라고 해도 다루어지는 단원에 따라 그 성격이나 특징이 완전히 다르다는 사실을 이해해야 한다. 그 차이와 그래프가 만들어지는 원리를 제대로 잘 깨닫게만 된다면 아이의 함수 머리는 고속도로처럼 뻥 뚫리게 될 것이다.

함수는 x와 y의 커플링이다

한 가지 더, 앞에서 설명한 것처럼 함수는 '변화하는 커플링'이다. 그런데 함수 공부를 시작하게 되면 초입에서 '모든 x는 반드시 하나의 y와 대응한다'고 배운다. 그러면서 만약 하나의 x가 여러 개의 y에 대응한다면 그건 함수가 아니라고 가르친다.

왜 그런지, 왜 그래야 하는지에 대해 어느 누구도 명쾌히 포인트를 짚어주지 않고 단지 무조건 중요한 말이니까 외우라고만 한다. 나도 학창시절 그렇게 배웠다.

그러나 이렇게 무조건 외우라는 건 공부가 아니라 주입일 뿐이다. 최소한 왜 그래야 하는지는 반드시 알려줘야 한다. 모르면 모른다고, 나도 그냥 외워왔는데 왜 그런지 한번 생각해보자고 얘기해줘야 한다. 아이들이 왜 그런 룰이 있어야 하는지 고민해보게 해야 한다. 그게 진짜 수학 수업 아닐까? 이 세상에 그냥 그렇게 되는 것은 없다. 특히 학문의 영역에서는 더욱 그렇다. 반드시 논리가 있고 논거가 있어야 한다. 그래야 학문이다.

자, 그럼 지금부터 왜 함수에서 x에 y가 오직 하나만 대응해야 하는지 생각해보자. 만일 일차함수에서 하나의 x에 두 개 이상의 y가 대응한다면, 독립변수 x에 따라 대응하는 y를 예측할 수 없다. x가 2일 때 y가 1도 되고 3도 된다면 어떻게 할 것인가? 하나의 x가 하나의 y에 대응되어야만 규칙을 찾아낼 수 있고, 그 규칙에 따라 여러 가지 예측을 할 수 있다. 하나의 x에 여러 개의 y가 대응되는 순간 함수는 한 발짝도 앞으로 나아갈 수 없어 갈 길을 잃게 된다. 그래서 하나의 x는 하나의 y만 선택해야 하며 그렇지 않으면 함수가 아닌 것이다.

$(x-a)^2+(y-b)^2=r^2$ 꼴로 나타내는 원의 방정식이 함수처럼 보이지만 함수가 아닌 이유다. 함수는 어떤 지점(어떤 x의 값)에서 y값이 특정(예측)되어야 하는데, 원의 방정식에서는 어떤 지점(어떤 x의 값)에서 y값이 2개가 되어 전혀 특정(예측)할 수 없게 되기 때문이다.

그렇게 개념과 이유를 명확히 이해하면 그 후부터는 원리나 개념을 묻는 문제에서 두려움과 헷갈림이 사라진다. 어떤 모양의 그래프를 만나더라도 그 그래프에 세로선을 여러 개 그어보자. 만일 그중 어떤 수직선이 주어진 그래프와 2곳 이상에서 만난다면 그건 함수가 아니다. 원의 방정식을 그래프로 나타내고 세로선을 그어보면 2곳에서 만난다. 그래서 함수가 아닌 것이다. 함수의 정의를 알게 되면, 머릿속에 그래프를 그려보는 순간 '함수가 아닌 것'을 고르는 문제는 식은 죽 먹기가 된다.

다시 한 번 강조하겠다. 함수는 상자가 아니다. 상자에 1번 구슬을 넣었더니 4번 구슬이 돼서 나온다는 설명에는 '대응' 개념이 들어갈 자리가 없다. 함수는 변환이 아니라 대응이다. x와 y의 커플링이다. 함수를 변환으로 이해하는 순간, 진짜 함수의 개념은 저 멀리 달아나버리고, 함수의 근본적인 개념도 모르는 채 주입식으로 영혼 없는 문제풀이만 계속하게 된다. 고등수학은 기초부터 삐걱거릴 수밖에 없다.

x와 y의 짝을 연결시켰더니 직선이 되면 일차함수, 볼록하거나 오목한 곡선이 되면 이차함수다. 그래프 모양만 다를 뿐 원리는 같다. 이차함수의 경우는 2개의 x가 하나의 y에 대응하는 것일 뿐이다. 결국 커플링이 되는 규칙만 찾으면 함수는 너무나 재밌고도 멋있는 단원이다.

도대체 이렇게 멋진 수학 공부를 '죽지 못해 억지로 해야 하는 과목'으로 만든 건 무엇인가? 우리 모두 반성하고 또 반성해야 한다.

인류 문명의 발전사는 사실 수학의 발전사나 다름없고, 수학 없이 인류 문명은 돌아갈 수가 없다. 이게 마중물이다. 이런 설명을 해주면 아이들의 공부하는 마음가짐이 달라진다. 공부의 성과가 올라갈 것은 두말할 나위 없다.

가두리 양식장에서 가둬 키운 물고기들은 면역력이 약해져
각종 의약 첨가제를 넣은 사료를 먹어야 버틸 수 있다. 마찬가지다.
수학 역시 가두리 양식장에서 키우는 물고기처럼,
범위의 벽을 치고 단원별로 막아 좁은 범위의 단원들을
각각 하나씩 격파하고자 하는 단절된 문제풀이로는
진짜 수학 실력을 기를 수가 없다.

6장

수학 완전정복,
꿈이 아니다

문이과 통합, 문과에겐 독이다

대치동은 입시의 흐름과 풍향, 공부 트렌드의 변화를 읽기 아주 좋은 동네다. 수학과 관련해 요 몇 년간 큰 트렌드의 변화라고 하면 바로 선행의 진입 시기, 수학에 올인하는 시기가 점점 빨라지고 있다는 것을 들 수 있다.

왜일까?

10여 년 전만 해도 정시가 대세였다. 중학교 때까지 놀다가, 고등학교 들어가서도 놀다가, 고2 때 갑자기 속칭 '그분(공부신)'이 들어오셔서 1년 반 정도 바짝 공부해서 수능을 잘 보고 대학 입시에 성공한 경우가 심심치 않게 있었다. 그때는 선행이 이렇게 급하게, 많이 진행되지 않았다. 중학교 들어가기 전에 중1 수학 정도 선행하고, 고등학교 들어가기 전에 고1 수학 정도 선행하는 게 대세였다.

그런데 지금 대치동에서는 초등학생이 고등수학을 배우는 게 일반적인 일이 돼버린 상태다. 이처럼 선행의 진입 시기가 빨라진 건 하나의 큰 트렌드라고 봐야 한다.

이러한 트렌드의 변화를 가져온 가장 중요한 원인은 입시제도의 변화 때문이다. 바로 수시제도다. 두 번째 원인은 특목고, 자사고, 외고 등 고등입시 때문이다. 이 두 가지 원인 때문에 수학 선행 진입 시기가 빨라진 것이다.

특히 수시제도 때문에 고등학교 내신이 너무나 중차대해졌다. 그래서 내신과 수행평가로 이어지는 힘든 과정을 거치는 와중에 고등수학의 뒤처진 부분을 메우고 따라잡을 만한 시간적 여유가 없다. 고등학교 입학 전 미처 나가지 못한 진도, 미처 다 완성하지 못한 특정 파트를 따로 공부하고 그것으로 내신이나 수능을 준비하는 것이 거의 불가능해진 것이다.

수시가 대세로 굳어진 요즘에는 고등학교에 들어가기 전에 고등수학을 끝내야 한다는 게 상식처럼 돼버렸다. 너도나도 '닥치고 선행'에 진입하는 상황이다. 그러나 이런 흐름에 휩쓸려 영혼 없는 선행에 진입하는 순간 수학 귀신을 만나고 수포자가 되는 무시무시한 결과를 초래할 수 있다.

선행이 빨라지는 것처럼 보이더라도 거기에 부화뇌동해서 휩쓸리는 것은 금물이다. 반드시 아이 중심으로 생각해야 한다. 나갈 때 완벽하게 끝내겠다는 목표를 세워야 한다.

또 하나 강조하고 싶은 것은 앞으로 펼쳐질 4차산업혁명, 5차산업혁명 시대에 우리의 삶을 장악할 키워드는 AI, 빅 데이터, 로봇, 자율주행 등 수학과 과학이 없이는 한 발자국도 나아가지 못하게 될 것이라는 점이다.

이러한 시대 흐름에 맞는 인재를 기른다는 취지에서 기획된 문이과 통합 흐름은 그래서 사실 문과에게 치명적인 것이다. 체급이 다른, 헤비급과 플라이급 아이들을 한 링에 넣고 싸우게 하는 형국이다. 수학을 못하는 아이들은 더 나락으로 떨어질 수 있다.

문이과 통합 후 개정 교육과정을 잘 살펴보면 아주 중요한 사실을 알 수 있다. 바로 문과에게 요구하는 수학 공부량이 훨씬 많아졌다는 것이다. 문이과 통합이라고 말하지만 사실은 이과 쪽으로의 통합인 셈이다. 닥치고 선행이 아닌, 우리 아이에게 맞는 진짜 선행을 해야 하는 이유다. 제대로 준비하고 제대로 진입해야 훌륭한 성과를 얻을 수 있다.

중3은 고3이다

내가 기회만 생기면 강조하는 이야기 중 하나가 바로 '중3은 고3'이라는 것이다. 이런 얘기는 사실 학부모와 아이들에게 하늘이 무너지는 것 같은, 아주 무서운 얘기다. 학부모들은 '고등학교 3년 열심히 하면 그래도 가능성이 있지 않을까?'라고 생각하고, 아이들은 '이제 고등학교 들어가면 공부만 해야 하는데, 진짜 여유라고는 없을 텐데, 마지막 황금 방학이 중3 겨울방학 아닌가? 이때 안 놀면 언제 놀아?'라고 생각한다.

그러나 안 된다. 내가 '중3은 고3'이라고 얘기하는 것은 중3 겨울방학을 그 정도로 단단한 각오를 가지고 보내지 않으면 고등학교 때 반드시 후회할 수 있다는 뜻이다.

입시제도, 특히 수시제도에서 가장 중요한 평가 기준은 내신 성적이다. 수시제도하에서는 3년간 내신 성적의 평균에 다양한 활동들을 추가해 학생부종합전형으로 대학에 입학원서를 내게 되기 때문이다. 대학을 겨누는 양대 산맥인 수시와 정시의 비율은 3대1에서 4대1 사이인데, 75퍼센트 정도 비율로 수시가 대세다. 물론 앞으로 정시 비율이 늘어난다고는 하지만 확정된 것은 없다.

아이들은 한 학기에 중간고사와 기말고사 한 번씩, 고등학교 3년 동안 열두 번의 내신 시험을 본다. 이 열두 번의 시험이 원하는 대학에 갈 수 있느냐 없느냐를 가르는 셈이다. 이 열두 번의 시험에서 첫 번째 시험, 즉 고등학교 1학년 첫 번째 중간고사는 가장 중요할 수밖에 없다.

이 첫 번째 시험에서 기대보다 성적이 낮게 나오면 그 다음부터는 공부를 계속 해나갈 의지와 동력을 상실하게 된다. 어른들은 인정하고 싶지 않겠지만, 지금 학교에서는 고등학교 1학년 1학기 성적으로 그 아이의 '신분'이 정해지는 게 현실이다. 우스갯소리로 내신은 '골품제도'다. 1학년 시험을 잘 못 보면 회복이 거의 불가능하다.

첫 번째 내신 시험은 아이들의 학교생활과 대학입시를 좌우하기 때문에 너무나 중요하다. 그렇다면 이 첫 번째 내신 시험, 그러니까 고1 중간고사를 잘 보려면 어떻게 해야 할까? 중3 겨울방학 때 승부를 걸 수밖에 없다. 고3이 수능을 준비하듯 중3은 고등수학을 잡아야 한다.

그런데 많은 학원들이 바로 그 이유로 중3 겨울방학에 고1 중간고사 범위만 반복해서 들입다 판다. 그러나 이것 역시 피해야 할 전략이다. 그렇게 해서는 첫 번째 시험을 잘 볼 수가 없기 때문이다. 보통 시험 범위 내를 계속 반복해서 문제를 풀고 유형을 암기하면 범위 내 정복은 완벽하게 될 것으로 생각하지만, 참으로 단순하고 허망한 전략이다.

고등수학 문제를 잘 풀기 위해서는 창의력과 논리적인 추론 능력을 바탕으로 차원이 다른 접근을 해야 한다. 고등학교 1학년 1학기 중간고사, 즉 고등학교 첫 번째 시험을 잘 보는 해법은 바로 고등수학 전 과정을 마치는 것이다.

그렇게 해야 하는 이유는 또 있다. 고등학교에 들어가기 전에 고등수학 전 과정을 마치지 않으면 필연적으로 '내신지옥'에 빠질 수밖에 없기 때문이다. 첫 번째 시험을 어찌어찌 보고 나면 바로 다음 시험이 다가온다. 그 범위에 대해 사전지식이 전혀 없는 상태에서 이제 기회가 열한 번, 열 번밖에 남지 않았다는 압박감은 상상을 초월한다. 다른 과목도 공부해야 하고, 교과 외 활동도 신경써야 하는데, 고등수학의 난이도는 잠시만 한눈을 팔아도 순식간에 현행 수업을 따라갈 수 없을 정도로 높고 깊고 넓다.

중학교 고등학교 6년을 통틀어 가장 긴 방학이 중3 겨울방학이다. 일찌감치 기말고사를 끝내고 11월부터 다음 해 2월까지 온전히 최소 석 달의 시간이 고스란히 주어지는 중3 겨울방학은 황금 시간이라는 말로도 부족하다. 다이아몬드 시간이다. 고등학교 내신에 대한 걱정 없이 부족한 것을 채우고 뒤떨어진 수준을 역전시킬 수 있는 최상의 기회다.

고등학교에 진학하면 고3 겨울방학을 제외하고 두 번의 여름방학과 겨울방학을 보내게 된다. 여름방학은 너무 짧아 무엇을 제대로 하기엔 턱없이 부족한 시간이다. 겨울방학도 두 달이 채 안 된다. 온전히 석 달의 시간이 고스란히 주어지는 중3 겨울방학이라는 황금 시간은 내신에 대한 걱정 없이 부족한 것을 채우고 뒤떨어져 있는 수준을 역전시키기 위한 최상의 기회다.

언택트 시대,
수학 공부 어떻게 할까

코로나19 사태가 장기화되면서 우리 일상의 모든 영역이 격변을 겪고 있다. 특히 교육계에서 이 사태는 재앙이라 할 수 있다. 사회적 거리두기로 등교가 제한되면서 학사일정은 완전히 무너졌고, 교사에게도 학생에게도 낯선 비대면 온라인수업과 화상수업이 일상이 되었으며, 사교육도 학생이 여러 명 몰리는 대형 강의는 거의 사라지고 소수의 학생만 모이는 팀 수업과 개인 과외가 늘어나는 등 말 그대로 혼란의 도가니다.

코로나19 때문에 교육격차가 벌어진다는 우려도 크다. '있는 집'에서는 사교육 의존도가 커졌지만, 그동안 공교육에만 의존해왔던 학생들은 속수무책으로 학업성취도가 떨어지는 상황에 처해 있다는 것이다. 선생님의 설명 없이는 이해가 쉽지 않으면서, 개념을 제대로 이해하지 않고는 문제를 풀 수 없는 수학 과목의 경우 상황은 더 막막하다.

이런 답답한 상황에서 어떻게 수학 정복이라는 만만치 않은 과제를 완수할 수 있을까?

첫째, 자기주도 학습의 필요성을 깨닫고, 지금부터라도 머뭇거리지 말아야 한다. 어떤 위기상황에서도 흔들리지 않는 학습 습관의 중요성은 아무리 강조해도 지나치지 않다. 자기주도성 없이 선생님이 주입하는 대로 수동적으로 문제를 풀고 지식을 암기해서는 절대로 학습 능력을 향상시킬 수 없다는 사실을 명심해야 한다.

단, 자기주도 학습을 한답시고 수학 과목을 '처음부터 끝까지 알아서 혼자서' 공부하려고 욕심내서는 안 된다. 스스로 주도해서 공부하되, 적극적으로 교사의 도움을 받으려는 노력도 해야 한다. 팬데믹이라는 위기 상황이지만 찾아보면 분명히 길은 있다.

둘째, 공부 시간의 효율을 극대화해야 한다. 앞에서 이를 '시성비'라는 말로 강조한 바 있지만, 한 번 더 강조하겠다. 시성비란 시간 대비 공부 성과를 의미한다. 평소 일상이 깨지고 예상치 못한 위기가 닥쳤을 때 누구나 마음이 혼란해진다. 공부 효율이 급속히 떨어지는 건 당연하다. 이럴 때 안절부절못하고 하릴없이 시간을 보내기보다는 보다 극적인 학습 목표와 초집중몰입학습으로 의욕을 불러일으켜야 한다. 일단 한 번 집중과 몰입, 그에 따른 놀라운 성과를 경험해보면 그 자신감과 효과는 상상을 초월하는 결과를 불러올 것이다. 극적인 발전은 항상 위기에서 나오는 법이다.

마지막으로, 온라인수업은 오프라인의 보완재이지 대체재가 될 수는 없다. 온라인강의 화면을 보면서 30분 이상 딴짓을 하지 않고 집중하기란 상당히 어렵다. 대부분의 학생이 10분에서 20분이 넘어가면 집중과 몰입이 깨진다. 오감이 서로 교차하는 생생한 현장 강의의 몰입감을 온라인으로 대체하기란 쉽지 않다. 선택의 여지가 없는, 어쩔 수 없는 상황이기 때문에 온라인강의를 활용해야 하는 것은 사실이지만, 그것에 모든 것을 맡겨서는 안 된다. 온라인강의를 보충할 수 있는 오프라인 학습법을 반드시 찾아야 한다.

수학은 순수를 혐오한다

이화여대 석좌교수이자 생명다양성재단 대표, 존경하는 최재천 교수님의 유명한 "자연은 순수를 혐오한다"라는 강연 제목을 살짝 빌려와봤다. 이 말에 담긴 깊은 통찰력 때문이다. 다윈 위래 가장 위대한 생물학자라고 불리는 영국 옥스퍼드 대학의 윌리엄 해밀턴 교수의 논문에 등장하는 "Nature abhors a pure stand."라는 유명한 명문에는 '창의성은 시끄러운 곳에서 나오고 다양성에서 극대화된다'는 자연의 섭리가 잘 나타나 있다.

수학도 그렇다.

수학의 섭리도 자연과 같다.

수학의 창의성은 다양성에서 발현되고 극대화된다.

융복합 문제로 수학의 진정한 아름다움을 느끼다

단원별로 '끊어 치는' 단절, 분절된 문제풀이와 기본-응용(실력)-심화로 이어지는 구간 반복으로는, 수학적 창의성과 높은 사고력을 절대로 키울 수 없다. '죽은 수학 공부'가 될 수밖에 없다는 말이다.

생각해보자. 지난주에 1단원 '다항식의 연산' 문제를 주구장창 풀어댔다. 그 단원 대부분의 중심 유형은 거의 외워졌다. 그리고 이번 주에는 2단원인 '인수분해' 문제를 파고 또 팠다. 지루하기는 했지만 일주일 동안 인수분해 문제만 계속 풀었으니 인수분해가 좀 되는 것 같다. 이제 같은 방법으로 3단원 '항등식과 미정계수'를 공부할 예정이다.

어떤가? 바람직해 보이는가? 이렇게 단원별로 끊어서 진도를 나가게 되면 앞 단원은 자연스레 머릿속에서 지워진다. 인출 효과가 거의 불가능한, 단원별로 각각 구분된 분절 문제풀이는 그 단원에서 적용되는 원리와 개념만을 계속 기계적·반복적으로 다루게 하여, 그 각각의 단원 평가에서는 성적이 어느 정도 나오는 것으로 보이나 단원과 단원을 유기적으로 융합·복합화하는 창의성이나 응용 사고력은 길러지기 힘들다. 아니, 거의 불가능하다. 이런 시스템이 우리나라 거의 모든 참고서와 문제집이 채택하는 방식이다.

가두리 양식장에서 가둬 키운 물고기들은 면역력이 약해져 각종 의약 첨가제를 넣은 사료를 먹어야 버틸 수 있다. 마찬가지다. 수학 역시 가두리 양식장에서 키우는 물고기처럼, 범위의 벽을 치고 단원별로 막아 좁은 범위의 단원들을 각각 하나씩 격파하고자 하는 단절된 문제풀이로는 진짜 수학 실력을 기를 수가 없다.

특히 실전에서 항상 아이들을 괴롭히고 발목을 잡는 킬러 문제는 융·복합 사고력과 응용력의 기반이 탄탄해야 풀이가 가능한데, 단원별 구간 반복식 문제풀이로는 그 경지에 절대로 다다를 수가 없다.

앞서 인용한 "자연은 순수를 혐오한다"는 말의 주창자이자 리처드 도킨스의 《이기적 유전자》에 주요 아이디어의 원천을 제공한 윌리엄 해밀턴 교수는 논문에서 이렇게 일갈한다. 인간의 탐욕으로 제초제와 살충제를 남용하고 유전자 조작으로 자연의 다양성이 훼손되면 자연은 반드시 그 획일화된(즉, 다양성이 줄어든) 약한 부분을 집중 공격함으로써 종국에는 다양성에

반하는 어떤 시도도 무너뜨린다고 말이다.

수학도 순수(단원별 문제풀이)를 혐오한다. 편하게 단원별 문제풀이로 수학을 정복하려고 하면 수학은 그 단절된 틈의 약한 고리(약점)를 공격해 수학의 성취도를 무너뜨린다. 난생처음 진행하는 선행의 첫 진도 수업에서 각 단원의 기본적 이해를 위한 학습은 당연히 당원별 문제풀이겠지만, 그 과정은 가능한 한 짧고 간결한 것이 좋다. 각 단원의 기본 원리와 개념을 최대한 빠른 시간 안에 집중적으로 숙지하고, 곧바로 가능한 한 넓은 범위의 융복합 문제풀이로 넘어가야 한다.

머릿속의 수학 개념 지도의 스캔 바늘이 한 곳에 머물러 있게 하는 문제풀이는 수학 실력 향상에 큰 도움이 안 된다. 진짜 실력은 개념 및 원리 탐색의 바늘이 머릿속을 휘젓고 전 범위를 스캔할 때 획기적으로 발전한다. 그래야 자신감이 향상되고 어떤 문제든 도전할 용기가 생긴다. 마침내 수능에서 가장 어려운 킬러 문항까지도 정복할 수 있게 된다. 더욱 많은 다양성을 품어야 그 사회가 아름다워지듯 수학 학습에도 더욱 많은 과정이 한 시험지에 녹아 있는, 융복합이 극대화된 문제풀이가 수학 학습을 아름답게 만든다.

절대로 한 단원씩 차례로 진행하고 끝까지 다 마치면 다시 그 과정을 참고서나 문제집만 바꿔서(난도를 높여) 처음부터 다시 단원별로 또 반복하는 순수한(순진하고 미련한) 수학 공부는 절대 해서는 안 된다.

수학은 순수를 혐오하기에…….

다양성은 '선(善)'이다
유전자도 문화도 견해도 다 그렇다
그래야 건강하다

유전자는
섞여야 건강하다
섞여야 아름답다
섞여야 순수하다

수학 학습도
섞여야 건강하다
섞여야 아름답다
섞여야 순수하다

융복합의 극치, 수능 킬러 문제 사례

[2016학년도 대학수학능력시험 수학 B형 30번]

실수 전체의 집합에서 연속인 함수 $f(x)$가 다음 조건을 만족시킨다.

(가) $x \leq b$일 때, $f(x)=a(x-b)^2+c$이다. (단, a, b, c는 상수이다.)

(나) 모든 실수 x에 대하여 $f(x)=\int_0^x \sqrt{4-2f(t)}\,dt$이다.

$\int_0^6 f(x)dx=\frac{q}{p}$일 때, $p+q$의 값을 구하시오.

풀이

(나)의 등식에 $x=0$을 대입 $f(0)=0$

양변을 x에 대하여 미분 ← 정적분으로 정의된 함수의 미분

$f'(x)=\frac{d}{dx}\int_0^x \sqrt{4-2f(t)}\,dt=\sqrt{4-2f(x)}$

$\therefore \{f'(x)\}^2=4-2x$ ← ①

(단, $f'(x) \geq 0$, $f(x) \leq 2$ 모든 x에 대해) ← 근호의 존재 조건, 중3-1, 고등수학(상)

$x \leq b$일 때 $f'(x)=2a(x-b)$이므로

①에서 $4a^2(x-b)^2=4-\{2a(x-b)^2+c\}$

위의 식이 $x \leq b$인 모든 실수에서 성립하므로

$4a^2=-2a$ ← 항등식의 계수비교, 고등수학(상)

$4-2c=0$

$\therefore\ a=-\frac{1}{2},\ c=2$

따라서 $x \leq b$일 때 $f(x) = -\frac{1}{2}(x-b)^2 + 2$

그래프가 위로 볼록이며 중심축의 식이 $x=b$, 꼭지점 좌표는 $(b,\ 2)$

← 이차함수, 중3-1

①에서 $f(x) \leq 2$ 조건을 만족 ← 이차함수의 그래프, 중3-1

이때 $b<0$이면 $f(b)=2$가 되어 1)의 조건에 위배

$\therefore b \geq 0$ ← 증가함수의 도함수, 수II

$f(0)=0$이므로 $f(0) = -\frac{1}{2}b^2 + 2 = 0$ $b^2=4, b=2$ $(\because b \geq 0)$

$x>b$일 때 1)의 조건에 따라 $f'(x) \geq 0$, $f(x) \leq 2$이므로 $f(x)=2$

$$f(x) = \begin{cases} -\frac{1}{2}(x-2)^2 + 2 \ (x \leq 2) \\ 2 \ (x>2) \end{cases}$$ ← 연속함수의 성질, 수II

$$\int_0^6 f(x)dx = \int_0^2 f(x)dx + \int_2^6 f(x)dx$$ ← 정적분의 기본 공식

$$= \int_0^2 \left\{-\frac{1}{2}(x-2)^2 + 2\right\}dx + \int_2^6 2dx$$

$$= \left[-\frac{1}{6}(x-2)^3 + 2x\right]_0^2 + [2x]_2^6$$

$$= \left(4 - \frac{8}{6}\right) + (12-4)$$

$$= 12 - \frac{4}{3} = \frac{32}{3}$$

$\therefore p+q = 3+32 = 35$

달걀의 추억, 불가능은 없다

내가 대학 때 활동하던 봉사 동아리에서는 방학 때 국립 서울맹학교에 자원봉사를 나갔다. 시각장애우들을 대상으로 한 교육 봉사 활동이었다. 방학 전에 동아리방 화이트보드에 자신이 원하는 봉사 과목을 써 넣게 되어 있었다. 그런데 국어나 영어 과목의 봉사 지원자는 많은데 수학 과목 지원자는 아무도 없었다. 의아했다. 그리고 당연히 수학 과목을 가르치겠다고 자원했다.

나중에 알고 보니 수학 과목을 선택한 봉사자들이 심한 난관에 봉착해 그 다음부터는 절대로 수학 과목을 지원하지 않는다는 것이었다. 자원봉사 첫날, 나는 그 이유를 알 수밖에 없었다. 그래프와 숫자, 아무것도 그려서 설명할 수 없었다. 수학 정석 한 권의 내용을 담으려면 점자로 된 책이 몇 권이나 필요한지 아는가? 큰 앨범 사이즈의 책 다섯 권이 연결되어야 정석 한 권의 내용이 담긴다. 수업하는 모든 내용을 손가락으로 점자를 따라 읽어야 따라갈 수 있다.

그런 어려움에도 학교에 와서 수학을 배우겠다는 정성과 의지는 내게 뭉클한 감동과 함께 왠지 모를 부끄러움을 주었다. 눈으로 보고 귀로 들으면서 공부를 할 수 있다는 것이 이렇게나 행복하고 감사한 일이었다.

그분들 앞에서 나는 이차함수를 강의하게 되었다. 이차함수는 직선이 아니라 포물선 모양이다. 이차함수를 배우기 위해서는 몇 가지 중요한 포인트가 있는데, 아래로 볼록하든 위로 볼록하든 꼭짓점을 찾아야 하고, x절편과 y절편을 찾아야 한다. 꼭짓점을 설명하려면 칠판에 그림을 그려야 하는데 그림을 그려도 학생들은 그 그림을 볼 수가 없는 상황이었다.

수업이 끝난 후 집에 돌아가면서 나는 골똘히 생각하다가 마트에 들러 달걀을 샀다. 그리고 그 달걀을 삶아 소중히 들고 다음 날 수업에 들어갔다. 달걀을 학생들에게 하나씩 나눠준 후 달걀을 책상에 세워보라고 했다. 그런 후 그렇게 달걀을 책상에 세웠을 때 책상 면과 달걀이 닿아 있는 부분이 이차함수의 꼭짓점이라고 설명해줬다. 그리고 계속해서 그 달걀을 가지고 이차함수의 모양을 설명했다. 예를 들어 이차함수와 축이 만나는 곳, 즉 두 x절편 간의 차가 커지면 달걀이 뚱뚱해지고 작아지면 날씬해진다. 그날 나는 달걀 하나를 가지고 이차함수의 모든 것을 가르쳐주었다. 손으로 달걀을 만지고 상상하면서 이차함수를 받아들일 수 있도록 도와주었다.

봉사 마지막날, 내게 수업을 받았던 학생들은 "선생님 덕분에 이차함수를 이해할 수 있었어요. 너무 멋진 강의였습니다. 감사합니다."라고 조촐한 파티를 준비해줬다. 나를 위해 기타를 치면서 노래를 불러줬다. 이때 그 어마어마하게 두꺼운 점자 수학책을 끼고 공부에 매진했던 학생 중 한 명이 한참 후에 내게 아주 훌륭한 대학에 합격했다고 문자메시지를 보내오기도 했다. 그때 느꼈던 말할 수 없는 감동이 여전히 생생하다.

사실 내가 한 것은 별로 없었다. 달걀을 사서 그 달걀을 품고 가면서 내 마음에는 단 한 가지, 부디 그분들이 내 강의가 도움이 돼서 이차함수를 이해할 수 있기만을 바랐다. 보이지 않더라도 내 설명을 잘 받아들여주기를 바랐다.

이 경험은 내 인생에 커다란 계기가 되었다. 세상에 수학 선생님은 많다. 그러나 분명히 나만이 할 수 있는 역할이 있을 것이라고 믿었다. 내게 가르침을 받는 제자를 끊임없이 이해하려는 노력을 그치지 않으리라고 다짐했다. 어떤 제자라도, 그 제자의 상황과 수준에서 어떻게 하면 즐겁고 재미있는 수학의 세계를 만나게 할 수 있을까를 고민하기로 했다. '왜 못 따라오지?'라고 제자를 탓하지 않고, '어떻게 하면 더 잘 이해시킬 수 있을까?'를 궁리하기로 했다.

20년을 수학 교육에만 매진했다. 그리고 이제 나는 자신 있게 말할 수 있다. 학부모든 선생님이든, 이런 기본 마인드를 지닌 '스승'과 함께라면 수학을 포기하는 학생은 있을 수 없다. 나의 수학 교육에 대한 생각, 이 책을 관통하는 가장 중요한 키워드는 '재미'와 '즐거움'이다. 수학 교육과 관련된 어떤 상황에도 '재미와 즐거움'은 늘 현명한 판단을 내리는 데 명확한 기준이 되기에 충분하다.

가르친다는 것, 달걀을 품고 교실로 향하며 '어떻게 더 쉽고 재미있게 이해하도록 할까'를 궁리하고 연구하는 것은 수학이라는 학문 자체에 천착하는 것과는 분명 결이 다르다. '어떻게 하면 더 쉽고 더 재미있게 가르칠까'를 찾고 모색하며 시도하는 것은 가슴속에 제자들에 대한 사랑 그리고 진심 어린 따뜻한 연민 없이는 힘든 일일 것이다. 즉, 지식이나 기술을 뛰어넘는, 제자들의 처지와 답답함을 헤아리는 깊은 공감 능력이 그 바탕이자 근본이다. 나는 지금까지 그런 마음으로 아이들을 가르쳐왔고, 앞으로도 그럴 것이다.

그런데 안타깝게도 이런 설명을 해주는 책도, 선생님도 보기 힘든 현실에 아직도 한참 부족한 내가 감히 책을 쓰기로 용기를 낸 것이다. 어느 누구도 자세히 이야기해주지 않지만, 어떤 단원을 이해하든 그에 대해 마중물 학습은 반드시 있어야 한다는 이야기를 하고 싶었다. 함수가 어렵다고, 잘 안 된다고 함수 문제만 계속 풀고 또 푸는 아이들, 그리고 함수 문제 유형만 달달 외워 그럭저럭 문제는 풀지만 함수의 뜻과 정의를 물어보면 아무 대답도 못하는 아이들을 대하며 느낀 안타까움을 전달하고 싶었다. 그런 허깨비 수학에 경종을 울리고 싶었다.

수학 교육에 대해 학문적으로 아직 일천한 내가 책을 내고 대중 강연을 하는 것에 스스로 많이 부족하다 여긴다. 글을 쓰고 있는 이 순간에도 내 모든 의견이나 생각에 대해 혹시 부족한 점이 있지는 않은지 고뇌하고 주저한다. 발전을 위해 앞으로 더욱 노력과 정성을 다해야 함을 안다.

그러나 그런 부족함은 앞으로 독자분들께서 애정 어린 의견과 따끔한 조언으로 채워주실 것이라고 믿기에 감히 졸작을 내어놓는 호기를 부렸다. 그래도 수학 교육 현장에서 직접 부대끼며 깨우쳐온 소중한 경험에 바탕을 둔 용기 있는 지적과 건설적인 제안이라고 감히 자부하고 싶다. 부디 이 책이 올바른 수학 교육의 새로운 지평을 여는 작은 씨앗이 될 수 있기를 온 마음을 다해 기원한다.

화제 만발 유튜브 김필립수학TV 댓글 답변 모음

오○○○

선생님처럼 말씀하시는 분 처음이에요!!! 전 초등 저학년 학부모입니다. 요즘 초1도, 초2도 주변엔 최상위, 심화 문제집을 아이가 좀 버겁고 울어도 끝내 시켜서 끌어올리려는 엄마들이 있는데요. 학원, 과외에 대해 고민 중입니다. 이 시기에 꼭 어렵고 힘든 문제를 시켜서 해줘야만 나중에 수학을 잘하게 되는 것인지 궁금합니다. 잘못하면 질릴 수도 있을 것 같은데 그래도 아이를 도전하게 해줘야 하는지 모르겠습니다. 혹시 초등 시기, 저학년 정도 아이의 수학 지도에도 조언을 해주실 수 있을까요?

그리 어렵지 않은 가감승제 정도의 단순 과정을 가지고 심화 문제를 만들려면 문제가 지저분해질 수밖에 없지 않을까요? 그래서 초등수학과 중등수학의 심화 문제는 그 좋은 의도와는 말장난으로 배배 꼬아

놓고 복잡하고 장황한 계산으로 실수를 유도하며 아이들에게서 수학을 멀어지게 만드는 매우 나쁜 원흉이라고 생각합니다.

심화라는 단어는 아무 데나 갖다 붙이면 안 됩니다. 고차원적인 개념들과 연계된, 깊이와 차원이 다른 문제들이 심화 응용 문제의 자격이 있는 것입니다. 하물며 아직 뇌가 다 자라지도 않은 초등 저학년에서의 심화는 득보다 실이 크다고 봅니다.

불안해하지 마시고 가감승제와 숫자의 기본 개념을 아이가 잘 파악하고 있다면, 초등 저학년 심화는 무시하세요. 그리고 그걸 억지로 낑낑대며 풀 시간에 차라리 밖에 나가 실컷 뛰놀도록 권하세요! 초등 저학년에 심화 문제 안 푼다고 절대로! 큰일 나지 않으니 안심하시고요~

물○○○

안녕하세요. 영상을 보다가 궁금한 점이 생겼습니다. 선생님께서는 도구로서의 선행을 이야기하셨는데, 혹자는 현행 수준의 도구만 가지고 수학 문제를 해결하려는 노력을 통해 수학적 사고력이 성장한다는 논리를 폅니다. 선생님 말씀이 이해가 가면서도 전혀 상반된 주장들도 많아 혼란스러워요.

혹시 제 이해력이 모자라 다른 측면의 논리 전개를 같은 측면의 다른 주장이라고 오해하고 있는 것일까요? 아이 수학을 직접 가르치다가 학원을 알아보던 터라 이런저런 궁금증이 많습니다. 도움 부탁드려요.

아주 중요한 포인트에 대한 문의 댓글에 감사드립니다. 현행 수준의 도구만 가지고 수학 문제를 해결하려는 노력을 통해 수학적 사고력이 성장한다는 논리도 충분히 일리가 있습니다. 왜냐하면 도구는 거의 없는

데 무언가 해결하려고 하면, 어떻게든 해결하기 위해 사고력을 최대한 발휘해야 하니까요. 다만, 이상은 좋은데 현실에서의 적용은 한계가 있습니다.

우선 도구의 숫자가 적거나 거의 없으면 수학하는 재미에 한계가 있습니다. 그래서 수학을 아주 좋아하는 친구들 말고는 제한된 현행 도구만을 가지고 무작정 사고력을 동원해 풀어내라는 '선의'에 그대로 잘 따라와줄 학생들은 거의 없을 것이고, 특히 실전 시험에서는 사고력도 필요하지만 응용력 및 속도, 그리고 정확도까지 확보해야 하기에 결정적으로 사고력만 키워서는 실전에서는 큰 도움이 되지 않습니다.

예컨대 '문제풀이 최적화' 같은, 실전에서의 확실한 필살기는 사고력뿐 아니라 응용력 그리고 속도와 정확도까지 잡아내는데, 이런 역량을 갖추려면 반드시 도구의 다양화가 필수이고, 그런 도구를 장착하고 수학을 마주하는 아이들은 수학의 재미와 즐거움이 진정 무엇인지 알게 됩니다.

현○○○

우리 아들은 중2인데 아직 초등학생같이 철이 없고 공부에 관심이 없어요. 이제 곧 중3인데 어떻게 아이를 바꿀 수 있을지 조언 부탁드려봅니다.

외람된 말씀이지만 아이가 스스로 바뀌면 아이가 아닙니다. 이미 철이 든 어른이지요. 물론 어른이 되어도 철이 안 든 분들도 있지만 어쨌든 아이 스스로 갑자기 철이 들고 공부에 몰입하는 아이는 거의 없습니다. 만일 그런 아이를 두셨다면 전생에 나라를 구하신 것이라 생각합니다. 아이가 바뀌도록 만들고 그 변화를 이끌어내는 방아쇠, 그것은 바로 선생님입니다. 훌륭한 선생님이 그 변화를 이끌어내고 발전을 이루도록 만들어냅니다. 그래서 선생님이, 좋은 가르침이 무엇과도 바꿀 수 없는 가장 중요한 요소이자 '유일한 핵'입니다!

윤○○○

원장님. 질문 있습니다. 고등 수학 전 과정을 마쳐야 하는데, 심화까지 진행해야 하나요? 학원에서 고등수학 처음 나가는데 개념, 응용까지만 돌리고 진도를 빼고 있습니다. 학원에서는 한 번씩 돌리고 또 돌리고 다지고, 이게 중요하다고 하는데 이게 맞을까요? 지금 중1입니다. 학원에서도 고등 전 과정을 중3 때 마치는 게 목표라고 하더라고요. 그런데 진도 속도만 빠른 것 같아서 걱정입니다. 8개월 만에 수(상)과 수(하) 과정을 마쳤습니다. 테스트 보면 점수는 잘 나오는 편입니다. 곧 수 I 나간다고 하는데 조언 부탁드립니다.

상세한 관심과 문의에 감사드립니다. 우선, 처음 진도 나갈 때 단원별로 심화까지 완전히 마스터하면서 나가는 것은 절대로 안 됩니다. 일단 고등수학은 처음 나가면서 중등수학이나 초등수학처럼 심화까지 모든 내용을 다 파악하고 마스터하는 것은 불가능합니다. (물론 아주 극소수의 타고난 천재들은 제외하고요.) 그렇게 하려고 하면 무조건 중도에 포기하거나 중단하게 되고 무너집니다.

그러니 처음 나갈 때 개념과 응용 단계를 완전히 자기 것으로 만드는 탄탄한 기반을 다지고, 일정 부분의 심화를 경험해보는 정도로 진행하는 것이 바람직합니다. 다만 이렇게 진행할 때도 다 마친 후 다시 처음부터 부족한 부분을 보완하고 채우기 위해 과정을 반복해서 돌리는 것은 절대로 안 됩니다.

처음에는 기본과 응용, 두 번째는 실력과 심화, 세 번째는 심화와 응용 실전 이런 순서로 여러 번을 돌리겠다고 스케줄을 세우는데, 이렇게 수준별, 과정별 반복수업으로는 고등수학 전 과정을 완전히 끝까지 다 해내는 데 2~3년으로는 시간이 턱없이 부족합니다. 반복을 해야 하니 시간 소비가 비효율적으로 많아지기 때문입니다.

그래서 대부분 목표 스케줄은 중3 때 마친다고 하지만 거의 대부분 고등학교 입학 때 수Ⅱ, 미적분, 확률과 통계, 기하와 벡터 등 뒤의 어려운 과정들은 처음 계획과는 달리 완전히 끝내지도 못할 뿐 아니라 나중에 시간에 쫓기게 되면 겹치기도 중복 진도를 나가게 되는, 예를 들어 미적분 기본을 나가면서 수Ⅱ 실력과 수Ⅰ 심화를 동시에 하는, 죽도 밥도 아닌 뒤죽박죽의 상황이 벌어집니다. 수학은 절대로! 돌림노래 식 겹치기 진도를 나가면 안 됩니다.

절대로 수준별, 과정별 반복 수업과 겹치기 진도로는 수업을 진행하지 마시고, 전 과정의 기본 및 개념, 그리고 일정 수준의 응용 정도까지 단 한 번에 관통시켜 제대로 끝내고, 곧바로 고등 전 범위 전 과정을 한꺼번에 다루고 기억해낼 수 있도록 융복합 통섭 실전 문제풀이로 극심화 응용까지 마스터하도록 이끄는 것이 가장 효율적이고 효과적인 수학 정복의 '마스터피스'입니다.

JOOO

좋은 꿀팁 너무 감사합니다. 많은 고민이 되는 부분이었는데 이해가 되었습니다. 제 아이는 초3 남아인데, 엄마 입장에서는 아이의 의욕을 판단하기가 어려워요. 잘하고 싶어 하는 마음은 있는 것 같은데 그렇다고 아주 노력하는 것 같진 않고……. 이럴 때는 지금 대치동 가는 게 도움이 될지, 아니면 아이가 의욕이 생길 때까지("엄마, 나 공부 잘하고 싶어! 대치동 가서 잘해볼게!"라는 말이 나올 때까지) 기다려야 하는 걸까요? 주변에서는 늦어도 초4~초5 전에는 대치동에 가야 한다고 하는데 어떻게 할지 고민입니다.

제 영상과 견해에 공감 및 감사의 말씀 주셔서 진심으로 감사드립니다. 초3이라면 아직 스스로 의욕을 보이기는 힘듭니다. 만일 벌써부터 의욕을 보인다면 아마도 비범을 넘어서는 천재 아닐까요?^^ 일단 짧은 조언으로 큰 도움을 드리기는 쉽지 않겠으나 뇌과학자들의 논문 등에 따르면 초3까지는 아직 뇌의 뉴런이나 시냅스 등이 형성, 완성되어가는 중이라 하니 초4부터 지식적, 즉 논리·추론적인 뇌 자극을 본격적으로 주는 것이 좋을 것이라 여겨지며, 대치동에 입성하는 시기도 중요하겠지만 그보다 더 중요한 것은 아이에게 제대로 된 교육의 맞춤 로드맵(천편일률적인, 누구나 하는 것이 아니라 우리 아이에게 딱 맞는)을 어떻게 세워줄 것인지, 그리고 그 로드맵에 따른 입성 시기 및 교육 방법의 선택이 더 중요한 사안이라고 말씀드리고 싶습니다.

청담中 이

후기

어릴때는 수학을 제일 싫어했던 내가 지금은 수학을 좋아하게 될 줄 몰랐다. 김필립 선생님과 수업하기 전에 수학이 '호감'이었다면 수업한 후는 "반함"이다. 나는 개인적으로 선생님과 비슷한 점이 많아서 그런지 선생님과 정말 잘맞는것 같다. 그래서 더더욱 선생님과의 수업이 즐겁다. 선생님과 10가를 거의 2달만에 끝냈는데 가장 좋았던 점은 뻔한 풀이가 아닌 P's way 로 설명을 해주셔서 정말 쉬웠다는 점이다. 함수를 적분으로 풀수 있는지 처음 알았다. 그렇게 배우고 오답노트를 통해 복습하니 머리속에 남게 되어 정말 좋았다. 김필립 선생님과 다른 선생님들의 차이점은 색다른 풀이와 수업방식인 것 같다. 또한 그보다 중요한 것은 선생님의 태도인것 같다. 선생님께서는 색다른 풀이와 수업 방식을 통해 실력을 높이도록 도와주시지만 그보다 먼저 수학에 흥미를 느끼고 좋아지게끔 유도해주시는 열정적인 태도가 다른 일반 선생님들과의 차이를 만드는 것 같다. 김필립 선생님은 다른 수학 선생님들에겐 '넘사벽'일 것이다. 선생님과 단순히 10가 만 끝내고 적는 후기이지만 나는 선생님과 수학을 정복할 것이다. 겉핥기식 공부가 아니라 속도가 느리건 빠르건 (빠르면 더 좋겠지만ㅋㅋ) 제대로, 심도있게 공부하여 수학을 정복하려 한다. 내가 더 열심히 노력하면 선생님께서도 더 도와주실것이라고 믿으며 10나에 도전한다! 선생님 감사해요ㅎㅎ.

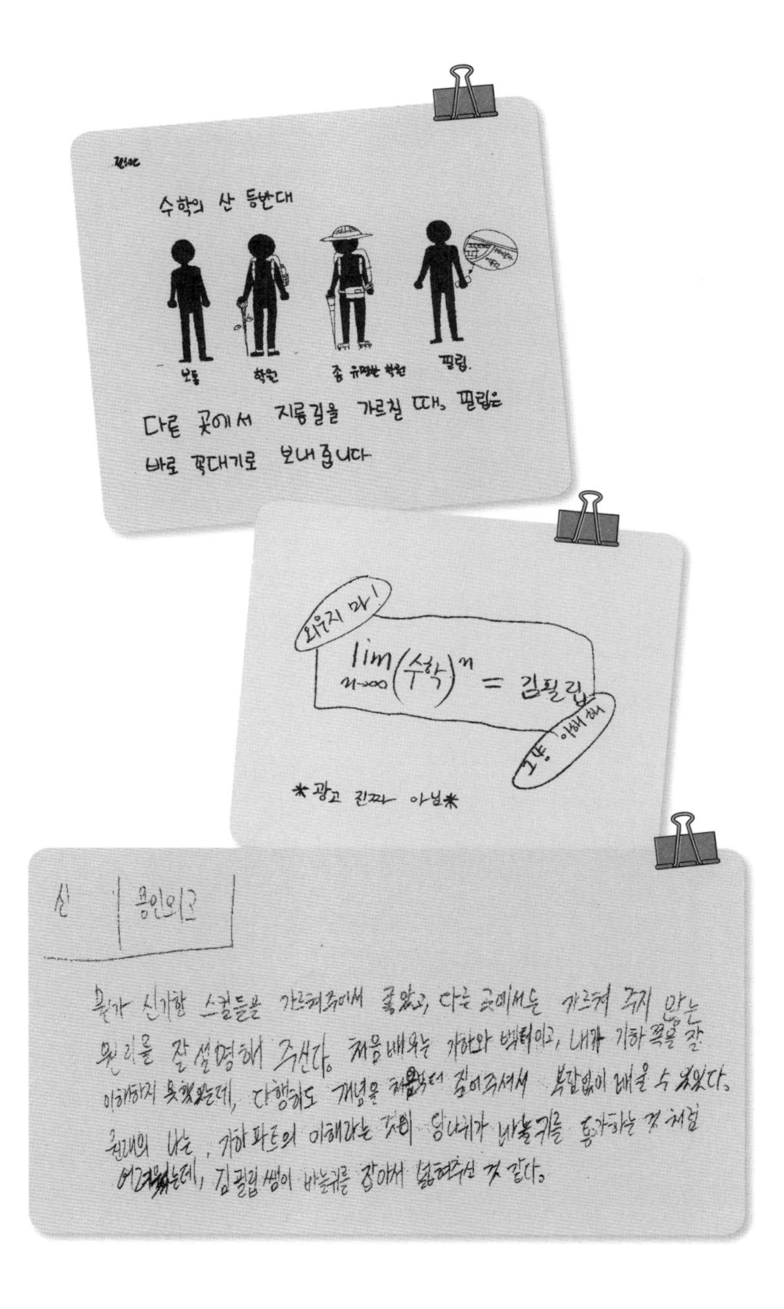
수학의 산 등반대
보통
학원
좀 유명한 학원
필립.
다른 곳에서 지름길을 가르칠 때, 필립은
바로 꼭대기로 보내줍니다
외우지 마!
$\lim_{n \to \infty} (수학)^n$ = 김필립
광고 진짜 아님
신
용인외고
뭔가 신기한 스킬들을 가르쳐주어서 좋았고, 다른 곳에서는 가르쳐 주지 않는
원리를 잘 설명해 주셨다. 처음 배우는 기하와 벡터이고, 내가 기하 쪽을 잘
이해하지 못했었는데, 다행히도 개념을 처음부터 짚어주셔서 부담없이 배울 수 있었다.
원래의 나는, 기하 파트의 이해라는 것이 당나귀가 바늘귀를 통과하는 것처럼
여겨졌는데, 김필립 쌤이 바늘귀를 잡아서 넓혀주신 것 같다.

웅집

잘난척을 좀 많이 하시는,

하지만 그 만한 실력이 있으셔서

더 멋져요 ㅎㅎ

※ 개념 설명 진짜 잘 하세요. 감사합니다.

장

선생님께서 설명하시는 내내 신비스러워 놀람을 감출 수 없었다. 수학은 공식을 외워 유형별로 변형하며 푸는 지겨운 과목인 줄 알았지만 생각이 바뀌었다. 기본 원리, 즉 뿌리를 강하게 잡는다면 수학을 정복할 수 있는 것이다. 또 선생님만이 아는 문제 푸는 법을 들을 땐 수학이 만만해지기도 했다. 이미 알고 있는 방식이라도 그 방법을 까먹지 않도록 설명해주시니 외울 공식이 거의 사라졌다. 공식도 외우는 것이 아니라 이해하는 것이라는 걸 깨달았고, 수학은 암기과목이 될 수 없다는 것도 깨달았다. 가장 신비스러운 문제 푸는 방법을 몇 개 말하자면 등차수열의 일반항을 구하는 것, S_n에서 일반항을 구하는 것, 수열의 극한을 빠르게 푸는 법이었다. 뿌리를 튼튼히 하고, 빨리 자라는 거름을 받는다면 다른 아이들을 앞지를 수 있을 것 같다. 이러한 거름이 학원을 바꿀 수 없게 나를 유혹한다.

이

필립쌤 수업은 희귀템이다!

쌤이랑 10개나 수1 짝다 들었는데 정말 예전에 배울 때하고는 너무 달라서 매 수업시간마다 깜짝깜짝 놀랬어요~ 기본용어풀이부터 개념설명, 심화된 문제풀이까지 구살짜리 아이도 이해할 수 있게 쉽게쉽게 본질에 접근하며 얘기해주셔서 너무 좋았어요! 특히 이야기 형식으로 (뭐 자취는 X, y 라는 신혼부부가 결혼해서 생활하는 자취방 찌구 찌구) 헷갈리고 생소한 개념들을 확실히 잡아주신 건 대치동, 아니 대한민국, 아니 전 세계에서 찾기 힘들걸요! 쌤쫌 대단하신듯 +_+ 수학을 마냥 정복하기 어려운 적으로만 생각했었는데, 이제 수학을 즐기게 됐어요. 감사합니다 >_<

필립쌤 ONLY

중동고 윤

감상문을 읽는 것보다 들어보면 안다.

과천여고 1학년 조

P's Way

다른 학원에서의 방법, 일반적인 방법을 먼저 알려주신 후 가장 마지막에 김필립 선생님은 P's way라는 방법을 알려주신다. 공식이 복잡하지 않으면서 계산 실수가 없는 방법으로 이 세상 어디에도 존재하지 않는 가장 쉬운 길을 가르쳐주신다. 나는 수학을 좋아하지도 않고 잘하지도 않았고 기초도 부족했지만 수업 중 웬만한 것은 모르지 않을 정도로 쉬운 방법이다. 멀리서 차 타고 오게 후회스럽지 않다.

휘문고 황

이번 방학동안 수Ⅰ, 수Ⅱ, 기백을 잘 배우고 갑니다.
수Ⅱ의 미적과 기백의 공간, 백터 부분이 어렵다고 많이 걱정했는데
좋은 선생님을 만나서 쉽고 재미있게 배웠어요
다음에 적통 배울때도 다시오겠습니다.

휘문중학교 2학년 전

나는 최근 수학 성적이 떨어져서 해결 방안을 모색하다가 이곳으로 옮겨오게 되었다. 나는 항상 학원을 옮기면서 그학원이나 이학원이나, 하고 생각하며 다녔었다. 대부분의 학원은 거의 다 비슷했기 때문이다. 책에 나와 있는 개념설명을 읽어주고 문제풀이를 해주는 식이었다. 풀이도 책의 답과 별반 다르지 않았다. 이런 생각을 하면서 왔지만, 방식이 달라서 신선하다는 느낌을 받았다. 문제를 스스로 풀고, 1대1로 수업 받는 것 등이 나에게는 신기하게 다가왔다. 하지만 가장 다르고 핵심적인 것은 바로 쉽고 빠른 풀이였다. 다른 학원과 확연히 다르고, 쉬우며 푸는 속도도 빠른 풀이법을 알 수 있었다. 한 단원의 문제에 한참 다르다고 생각했던 단원의 풀이가 사용되어 융합적인 문제 풀이를 보고 놀랐다. '이곳에 이런 개념들이 쓰일 수 있나?' 하는 생각들이 많이 들었다. 수학에서 가장 어려운 것은 아마도 융합형 문제들일 것이다. 예전이라면 이런 문제들과 맞닥뜨리면 어찌할 줄 몰라 했겠지만, 이제는 단원들의 개념이 같이 쓰이는 것에 익숙해졌다. 시야가 넓어졌다고 해야 할까, 이제는 한 문제를 보았을 때 어느 개념이 응용될 수 있을까 하는 생각이 자주 든다. 아직은 수학에 대한 감만 약간 잡았다 하는 느낌이지만, 나중에는 문제를 보면 어떤 풀이가 가장 쉽고 빠를지 금방 생각날 것 같다. 이렇게 해나간다면 수학에 대한 눈을 뜰 수 있지 않을까 생각한다.

나

처음 이곳에 오기전에는 '5일만에 한 학기를 끝낼 수 있을까?'
했다. 그런데 지금 해보니까 5일 만에 끝이 나더라.
거짓말이 아니라 정말로 그렇게 되었다. 다른 학원이라면
상상도 못할 것이다. 내가 전에 다니던 학원은 오래
했는데... 다른 학원은 무조건 외우라고만 했는데
필립 선생님은 다르다. 선생님은 인수분해의 개념부터 차근차근
설명해 주셨다. 그러면서 인수분해는 수학의 어머니라고
말씀해 주신 것이 기억에 남고 있다. 그리고 선생님의
풀이 방식은 다른 교재에도 나와 있지 않을지만 간단하면서
머릿속에 들어 온다. 내가 알고 있던 수학적 상식들이
여기서 깨지는 순간이었다. 정말 우주 어느 곳에서도
필립선생님 만큼 잘 가르치시는 선생님은 없을 것이다.

P's way 까먹지 않을 것이고 꼭 기억하겠습니다!

가르쳐 주셔서 감사합니다.

(중3 고)

필립다운수업이다.

선생님 수업의 가장 큰 장점은 원리를 파고 드시는 것 같아요. 전에는 수Ⅰ이 너무 어려워 보였는데, 지금은 아무렇지도 않게 풀 수 있는 것을 보면 선생님 수업은... 쩔어요. 저 대학 잘 가게 해 주신다고 했던 말씀 꼭 지켜주세요!

이

읽어봐 애들아..(간절)
처음 엄마가 이 수업을 들어보자고 제안했을 땐 솔직히 말도 안된다고 생각했었다.
워낙 집중력이 안 좋은 편이라 1시간 이상 같은 자리에 앉아있지도 못 하는데 하루에 12시간 씩,
그것도 5일 씩이나 한다니 나에게는 너무 버거운 일이었다.
나는 계속 반대했지만 엄마가 결국 신청을 해 5일간의 연휴를 정석과 함께 보내게 되었다.
그리고 지금, 마지막 5일째 수업이 끝나기 까지 딱 15분이 남은 이 시점에 나는 내 고집을 꺾고
날 이곳에 보낸 엄마에게 너무 감사하다 ㅋㅋㅋㅋㅋ
만약 이곳에 오지 않았다면 P's way 같은 것도 모른 채 계속 도함수와의 싸움에 시달리고 있었을 것이다.
P's way 중 특히 내가 아끼는 'ㄹㅍㅌㅇㅈㄹㄷ'!!
저건 정말로 이번 수업을 통해 내가 얻은 것 중 2번째로 큰 개이득이었다!!!
아 물론 P's way가 저거 하나만 있는 건 절대 아니다.
이 수업은 나도 모르는 새 시간이 금방금방 지나갔다.
앞서 말했듯이 나는 집중력도 안좋고 산만한 편인데 이상하게도 저 지루한 정석 읽기와 문제 풀기를
하다 보면 3시간 씩 지나가있는 경우가 태반이었다.
덕분에 집중력과 오래 앉아있는 것을 버텨내는 능력(?) 또한 매우 좋아졌다.
이것이 바로 이번 특강을 통해 얻은 가장 큰 개이득인 것 같다.
나의 뿌리 깊은 악습관을 고쳐놓다니...(감탄)
이렇게 보니, 수학적 능력은 물론이고 여러가지 방면에서 얻어간 것이 참 많은 5일이었다.
5일 내내 한 번도 놀지 못하였지만 전혀 억울하지도, 후회하지도 않는다.

쉽고 재미있는 수업

장점

1. 정석에 나온그대로, 순서대로 그저 읽어주기만 하는 수업이 아니라서 좋았다 (그래서 재미있다)
2. 제자들의 고충을 이해해준다.
3. 잘 가르치신다. (쉽고, 외우기쉽게)
4. 수업이 재미있다.

나는 수학에 흥미가 있는 편이 아니었고 오히려 거부감을 가지고 있었다.
새로운 학원에 갈 때마다 열심히 해서 좋은 결과를 꼭 얻겠다는 의지는 있었지만
워낙 수학을 피해다니다 보니 끈기나 노력은 쉽게 생기지 않았고 처음 가지고
들어간 목표마저 잊기 일쑤였다.
고등학생이 되고 수학의 심각성을 느낀 나와 부모님은 김필립 선생님을 알게 되었고
정말 마지막이라는 생각으로 김필립 원장님을 뵙게 되었다.
기존의 학원들과는 다르게 긴 수업시간이 내가 우려했던 첫 요인이었는데
정말 지루하지도 않고 즐겁게 수업을 마칠 수 있었다.
수학 학원을 마치고 나오면서 내가 웃는 걸 정말 오랜만에 본다고 하신 아빠의 말씀이 생각난다.
김필립 원장님께서 나와 약속하신 것 같이 정말 좋은 성적을 거두고 웃는 날이 오면 좋겠다!
(첫 시험을 잘 봐서 너무 기분이 좋았어요 ㅎㅎ 선생님들 감사합니다!)
숙명여고 김

김필립의 초집중몰입수학

초판 1쇄 인쇄일 2020년 11월 10일
초판 1쇄 발행일 2020년 11월 20일

지은이 김필립
펴낸이 강병철
주간 배주영
편집 박진희
마케팅 이재욱 최금순 오세미 김하은 김경록 천옥현
제작 홍동근

펴낸곳 이지북
출판등록 1997년 11월 15일 제105-09-06199호
주소 (04047) 서울시 마포구 양화로6길 49
전화 편집부 (02)324-2347, 경영지원부 (02)325-6047
팩스 편집부 (02)324-2348, 경영지원부 (02)2648-1311
이메일 ezbook@jamobook.com

ISBN 978-89-570-7880-8 (13410)